BIM 技术在医疗专项中的应用／流程篇

周　珏　主编

东南大学出版社
SOUTHEAST UNIVERSITY PRESS
·南京·

图书在版编目（CIP）数据

BIM 技术在医疗专项中的应用：流程篇／周珏主编 .—南京：东南大学出版社，2021.4
ISBN 978－7－5641－9334－8

Ⅰ.①B…　Ⅱ.①周…　Ⅲ.①医院－建筑设计－计算机辅助设计－应用软件　Ⅳ.① TU246.1-39

中国版本图书馆 CIP 数据核字（2020）第 269983 号

BIM技术在医疗专项中的应用：流程篇
BIM Jishu Zai Yiliao Zhuanxiang Zhong De Yingyong

主　　编　周　珏
出 版 人　江建中
出版发行　东南大学出版社
责任编辑　陈潇潇
社　　址　南京市四牌楼2号
邮　　编　210096
网　　址　http://www.seupress.com
经　　销　新华书店
印　　刷　南京顺和印刷有限责任公司
开　　本　787 mm×1092 mm　1/16
印　　张　14
字　　数　360千字
版　　次　2021年4月第1版
印　　次　2021年4月第1次印刷
书　　号　ISBN 978－7－5641－9334－8
定　　价　108.00元

＊ 本社图书若有印装质量问题，请直接与营销部联系，电话：025－83791830。

BIM 技术在医疗专项中的应用／流程篇
编写委员会

Preface
前言

BIM 技术在医疗专项中的应用 ／流程篇

　　医疗专项一直是医院建设的难点，随着 5G 技术、物联网技术的应用及发展，医疗工艺变得更加复杂。如何适应技术的发展，更快速、更高效、更合理地完成医院设计及工程建设，并满足运营维护的需求，是一个需要长期深入研讨的课题。

　　本书以江苏省优秀医院中的医疗专项建设作为研究对象，利用 BIM 平台与族库工具，汇聚构件级、功能级、项目级模版，挖掘医院数字建造的数据资源，深度分析医疗建筑的院感、流程和系统。依据设计规范和标准，真实还原医疗专项的场地规划、平面布局、房间功能、洁污分区、系统组成等成果。

　　BIM（Building Information Model）技术是建筑信息模型技术，是一种应用于工程设计、建造、管理的数据化工具，是用来形容以三维图形为主、物件导向、建筑学有关的电脑辅助设计。BIM 技术提出的目的在于帮助实现建筑信息的集成，从建筑的设计、施工直至项目终结，所有的信息都会集合在一个三维模型的信息数据库。也就是说 BIM 不仅具有构件族、

Preface

医疗设备、空间等非构件对象的信息库，同时包含了完整的、与实际一致的建筑工程信息库。

为此，我们利用 BIM 技术在建筑物建成之前及运营维护实施之后深入探究医疗工艺，将研究成果汇编成系列丛书。本书是《BIM 技术在医疗专项中的应用》系列丛书的第一本，主要针对医疗工艺的流程设计，介绍了十多个医疗专项的流线、布局、洁污分区，也介绍了部分的装饰及设备族。

同时，针对后疫情时代如何进行应急隔离病区及公共卫生中心的设计这一热点话题，我们选择了几个案例在第 17~19 章做了专门介绍。

这本书不同于一般的指南标准等，是以全新的视角、全新的研究方法，通过细致的研究工作将研究成果分享给医院建设者！从最小的单元构件族到完整科室来探讨医疗工艺，同时提供了疫情期间的应急场所项目及公共医疗中心的几个案例应用，敬请各位专家同仁指正。

编者

2021 年 2 月

Contents
目录

Content

Contents

BIM 技术在医疗专项中的应用／流程篇

Contents

第一章
医院建筑布局流程在感染防控中的应用

　　2019 年 5 月 18 日，国家卫生健康委办公厅签发《关于进一步加强医疗机构感染预防与控制工作的通知》（国卫办医函〔2019〕480 号），要求进一步提高对感控工作重要性的认识；强化责任意识，落实感控制度要求。认真落实《医疗机构感染预防与控制基本制度（试行）》，提高医疗质量，保障医疗安全，维护人民群众身体健康与生命安全。

　　2003 年突发的严重急性呼吸综合征（SARS）疫情和 2020 年暴发的新型冠状病毒肺炎疫情，都让我们深刻体会到医院建筑布局对传染病预防与控制中的重要性。医院建筑作为医疗活动最主要的载体，对医院感染的发生、发展和预防、控制起到十分重要的作用。因此，保证医院建筑规划设计的科学性、合理性、有效性、安全性，以最大限度地预防医院感染，已被视为衡量医院管理水平的重要标志之一。2006 年原卫生部颁发《医院感染管理办法》规定：医院感染管理委员会"根据预防医院感染和卫生学要求，对本医院的建筑设计、重点科室建设的基本标准、基本设施和工作流程进行审查并提出意见"。在总结 SARS、MERS、H1N1、H7N9、COVID-19 等重要传染病防控经验和教训的基础上，我国组织修订《中华人民共和国传染病防治法》、制／修订医院建筑设计和医院消毒隔离相关卫生标准等，都明确了医院建筑布局以及工作流程的具体要求。将

医院感染控制的理念贯穿于医院建筑的各个环节，使医院建筑符合医院感染管理的要求，保障医务人员及患者医疗安全。

1　相关法律法规对医院建筑布局和流程的管理要求

1.1　《中华人民共和国传染病防治法》（2004 年）

为依法防控 SARS 疫情，在 SARS 防控期间，我国对原《中华人民共和国传染病防治法》进行了修订并颁布，2004 年版《传染病防治法》第 51 条明确规定"医疗机构的基本标准、建筑设计和服务流程，应当符合预防传染病医院感染的要求"，第一次把医院建筑设计和服务流程的要求上升到法制管理层面，有力推进了我国医院建设过程中建筑布局和工作流程的规范化、科学化、法制化。

1.2　《医院感染管理办法》（2006 年）

2006 年原卫生部颁布实施《医院感染管理办法》（以下简称《办法》），把我国医院感染管理工作纳入法制化管理轨道。《办法》要求医院要成立医院感染管理委员会领导全院的医院感染工作，在医院感染管理委员会的职责中明确要求"根据预防医院感染和卫生学要求，对本医院的建筑设计、重点科室建设的基本标准、基本设施和工作流程进行审查并提出意见"，把《传染病防治法》第 51 条要求落实到具体工作中。

② 相关标准对医院建筑布局和流程的管理要求

2.1 WS/T 311—2009《医院隔离技术规范》

原卫生部卫生标准委员会医院感染控制专业委员会于 2009 年发布 WS/T 311《医院隔离技术规范》，第一次以卫生行业标准的高度规定了"医院隔离的管理要求、建筑布局与隔离要求、医务人员防护用品的使用和不同传播途径疾病的隔离与预防"，明确医院建筑布局的总体分区和隔离要求：

（1）医院新建、改建与扩建要求：建筑布局应符合医院卫生学要求，并应具备隔离预防的功能，区域划分应明确、标识清楚。

（2）建筑分区与隔离要求：根据患者获得感染危险性的程度，将医院分为 4 个区域：① 低危险区域，包括行政管理区、教学区、图书馆、生活服务区等；② 中等危险区域，包括普通门诊、普通病房等；③ 高危险区域，包括感染疾病科（门诊、病房等）；④ 极高危险区域，包括手术室、重症监护病房、器官移植病房等。在隔离要求上要明确服务流程，保证洁、污分开，避免可能因人员流线、物品流线交叉导致污染。同一等级分区的科室宜相对集中，高危险区的科室宜相对独立，宜与普通病区和生活区分开；通风系统应区域化，防止区域间空气交叉污染。

2.2 GB 15982—2012《医院消毒卫生标准》

2012 年原卫生部卫生标准委员会消毒专业委员会修订发布 GB 15982《医院消毒卫生标准》，在第五章"医院消毒管理要求"中明确"建筑设计和工作流程应符合传染病防控和医院感染控制需要，消毒隔离设施配置应符合 WS/T 311 和《消毒技术规范》的有关规定。感染性疾病科、消毒供应中心（室）、手术部（室）、重症监护病区、血液透析中心（室）、新生儿室、内镜中心（室）和口腔科等重点部门的建筑布局和消毒隔离应符合相关规定"，第一次以国家强制标准的高度强调医院重点部门建筑布局和流线的管理要求，为卫生监督执法机构督查《传染病防治法》第 51 条规定提供具体标准依据。

2.3 GB 51039—2014《综合医院建筑设计规范》

在原建设部、卫生部批准颁布的 JGJ 49—1988《综合医院建筑设计规范》的基础上，为规范新建、改建和扩建综合医院的建筑设计，满足医疗服务功能需要，符合安全、卫生、经济、适用、节能、环保等方面的要求，2014 年 12 月 2 日国家住建部颁布 GB 51039《综合医院建筑设计规范》，2015 年 8 月 1 日实施。该标准分总则、术语、医疗工艺设计、选址与总平面、建筑设计、给水排水、消防和污水处理、采暖、通风及空调系统、电气、智能化系统、医用气体系统和蒸汽系统等内容，是目前指导我国新、改、扩建医院的基本标准。

2.4　GB 50849—2014《传染病医院建筑设计规范》

为规范传染病医院的设计，满足使用功能需要，符合安全卫生、经济合理、节能环保等基本要求，国家住建部于 2014 年 8 月 27 日颁布 GB 50849《传染病医院建筑设计规范》，适用于新建、改建和扩建的传染病医院和综合性医院的传染病区的建筑设计，2015 年 5 月 1 日实施。该标准分总则、术语和缩略语、传染病医院流程、选址与总平面、建筑设计、给水排水、污水处理和消防、采暖通风与空气调节、电气、智能化、医疗气体等内容。

❸　新冠肺炎疫情防控期间相关通知对医院建筑布局和流线的管理要求

3.1　国家卫生健康委办公厅《关于加强重点地区重点医院发热门诊管理及医疗机构内感染防控工作的通知》（国卫办医函〔2020〕102 号）（以下简称《通知》）

为阻断病原体在医疗机构内传播，降低感染发生风险，有效控制新型冠状病毒感染的肺炎疫情，保障人民群众和医务人员生命健康安全，现对病例集中的重点地区，以及该地区内设置发热门诊的医疗机构、新型冠状病毒感染的肺炎定点救治医院等重点医疗机构的发热门诊管理，以及感染防控工作明确提出要求，国家卫生健康委办公厅于 2020 年 2 月 3 日下发了《通知》。其中在"二、加强发热门诊管理"中要求结合疫情防控和医疗机构实际情况，将发热门诊划分为特殊诊区（室）和普通诊区（室）；在"四、降低医疗机构内感染风险"中要求全面加强和落实医疗机构分区管理要求，合理划分清洁区、潜在污染区和污染区。强化对不同区域的管理制度、工作流程和行为规范的监督管理。采取切实有效措施，保证医务人员的诊疗行为、防护措施和相关诊疗流程，符合相应区域管理要求。

3.2　国家卫健委《关于印发新型冠状病毒肺炎应急救治设施设计导则（试行）的通知》（国卫办规划函〔2020〕111 号）（以下简称《应急救治设施设计导则》）

为加强对收治新型冠状病毒肺炎患者救治设施的改造、新建工作的指导，国家卫生健康委办公厅联合住房和城乡建设部办公厅于 2020 年 2 月 8 日下发《应急救治设施设计导则》。本导则适用于集中收治新型冠状病毒肺炎患者的医疗机构或临时建筑的改造、扩建和新建工程项目。从选址和建筑设计、结构、给水排水、采暖通风及空调、电气及智能化、医用气体、运行维护等方面进行了明确的规定。在附录一中列举了"负压病房改造参考方案"，在附录二中还罗列了"医疗类建筑相关主要建设标准目录"。

3.3 关于印发新冠肺炎应急救治设施负压病区建筑技术导则（试行）的通知（国卫办规划函［2020］166号）（以下简称《负压病区建筑技术导则》）

为进一步做好新冠肺炎疫情防控工作，加强新冠肺炎应急救治设施建设，国家卫生健康委办公厅联合住房和城乡建设部办公厅于2020年2月27日下发《负压病区建筑技术导则》。该导则是根据《综合医院建筑设计规范》（GB 51039）、《传染病医院建筑设计规范》（GB 50849）等国家现行有关标准、规范和《新型冠状病毒肺炎应急救治设施设计导则（试行）》等有关要求制订的。适用于新冠肺炎疫情期间应急救治设施负压病区的新建和改造，明确了负压病区的主要构成，规范了负压病区建筑设计、结构、给水排水、供暖通风及空调、电气及智能化、医用气体等多方面设计要求和技术参数，并提出了负压病区日常运行维护相关要求。

3.4 关于印发应对秋冬季新冠肺炎疫情医疗救治工作方案的通知（联防联控医疗发［2020］276号）（以下简称《医疗救治工作方案》）

为有效防范和积极应对2020年秋冬季可能出现的新冠肺炎疫情，指导做好新冠肺炎疫情防控和医疗救治工作，国务院新冠肺炎疫情联防联控医疗救治组于2020年7月20日制定并颁布了《医疗救治工作方案》。在附件1《预检分诊和发热门诊新冠肺炎疫情防控工作指引》中对预检分诊和发热门诊的设置要求、选址要求、分区要求等做了具体的规定；在附件2《医疗机构新型冠状病毒核酸检测工作手册（试行）》中对新冠核酸检测 PCR 实验室的资质要求、分区要求等做出了严格的规定，可以有效指导各级医疗机构开展预检分诊、发热门诊和新冠核酸检测 PCR 实验室的相关设计规划以及管理工作。

④ 相关案例

因为建筑布局不当，可以造成严重的恶性医院感染事件。2010年6月，巴西亚马孙州一位医务人员发生非结核分枝杆菌（RGNTM）手术部位感染（surgical site infection，SSI），该病例被及时上报当地卫生行政部门。卫生行政部门引起了警觉，并开展了流行病学调查。这家医院位于亚马孙州首府马瑙斯，是当地一家颇具名气的私立医院，拥有140张床位，设有一个中心手术室，包括6个手术间。医院有2组实施腹腔镜手术的胃肠病学医疗团队。病例搜索发现，2009年7月至2010年8月，调查人员在222例手术患者中确认60例腹腔镜手术 RGNTM 感染病例（27%），所有感染病例的手术均由同一胃肠外科医疗组施行。60 例感染病例中有 42% 的病例被实验室确诊，经过溯源鉴定 11 株菌株 DNA 序列完全相同，明确证实暴发存在。通过流行病学调查分析显示，除了器械的清洗回收没有按照当地卫生行政部门要求合理复用执行外，还有一个重要原因，水池与手术室无物理隔断，因此，并不能有效阻断人员在两地点间的移动。布局流程明显存在不合理导致的感控风险漏洞。

与建筑布局和气流组织不合理造成大规模人员感染的著名案例则是香港淘大花园 SARS 暴发事件。2003 年 3 月 21 日香港淘大花园居民中暴发多例严重急性呼吸系统综合征（SARS）患者，截至 2003 年 4 月 15 日，淘大花园共有感染者 321 例。感染个案明显集中在 E 座，占累积总数 41%，次多感染个案是 C 座（占 15%），而第三位的是 B 座和 D 座（占 13%），余下个案（占 18%）则分布在其他 11 座。淘大花园是始建于 1981 年的多层住宅，E 座与淘大花园内其余各座楼宇一样，楼高 33 层，每层有 8 个单元。单元之间以长 6 m、宽 1.5~2.5 m 的天井隔开，天井具有采光、通风功能，能够排放浴室、厨房排风扇排出的废气，以及排放燃气热水器的废气。而发生最多感染个案的单元编号是 8 号和 7 号。世界卫生组织（WHO）调查报告认为造成 SARS 病毒在淘大花园传播的可能原因是：① SARS 暴发期间，多个单元地面排水口的聚水器已经干涸多时，失去阻隔作用，为污水管内气体及液滴提供了出口。当浴室排风扇启动及厕所门关闭时，液滴从污水管进入浴室，使之污染。② 淘大花园住宅使用海水冲厕系统。2003 年 3 月 21 日，8 号单元冲厕水管破损，冲厕水供应中断。排污管内污物流动可能减慢，有利于污水管内液滴产生和挥发。此外，用水桶冲厕亦会增加浴室内液滴的产生。③ 启动的排气扇会将浴室内受污染的液滴带至天井中。这些液滴会因天井的气流动力而继续移动，直至吸附在外墙表面。液滴很可能随天井内天然气流上升，在上升至最高层的过程中，可能从打开的窗户进入其他单元。④ 环境样品中未发现存活的 SARS 病毒及相关的冠状病毒基因残片。WHO 工作组认为淘大花园 SARS 病毒传播的原因很可能是当时一连串的环境及卫生问题同时发生的结果。

合理、科学的建筑布局和流线设计有助于减少医院感染发生的风险。因此，医疗机构在新建、改建、扩建中，需要充分考虑建筑布局流线，使其符合医院感染管理相关法律法规及指南的要求。医院感染管理专职人员在施工前应充分参与项目设计规划并审核，确保医疗建筑布局流线符合医院感染预防与控制要求，保障医疗机构工作人员与患者安全。

参考文献

[1] 付强,高晓东.透过医院感染暴发案例审视医疗质量与安全管理［M］.北京:人民卫生出版社,2019.

[2] 世界卫生组织公布香港淘大花园 SARS 传播的环境卫生报告[J].环境与健康杂志,2003,20(4):245.

（江苏省医院协会医院感染管理专委会　张卫红　陈文森　杨　乐）

江苏省人民医院

第二章
重症监护病房

第一节
重症监护室（ICU）

项目概况

　　重症加强护理病房（Intensive Care Unit，又称加强监护病房综合治疗室）即ICU，是为重症或昏迷患者提供隔离场所和设备，提供最佳护理、综合治疗、术后早期康复等服务的病房。它能把危重病人集中起来，在人力、物力和技术上给予最佳保障，以期得到良好的救治效果。

　　ICU是随着医疗、护理、康复等专业的共同发展、新型医疗设备的诞生和医院管理体制的改进，而出现的一种集现代化医疗、护理、康复技术为一体的医疗组织管理形式。

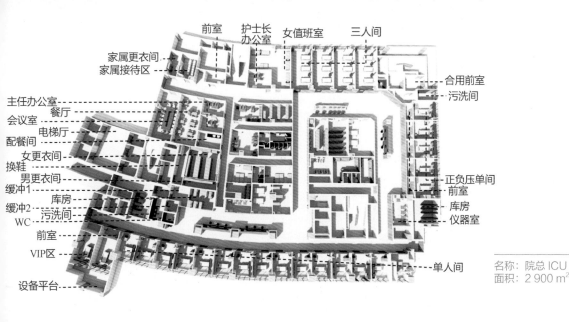

前室　护士长办公室　女值班室　三人间
家属更衣间
家属接待区
合用前室
污洗间
主任办公室
餐厅
会议室
电梯厅
配餐间
女更衣间
换鞋
男更衣间
缓冲1
正负压单间
库房
前室
缓冲2
污洗间
库房
WC
仪器室
前室
VIP区
单人间
设备平台

名称：院总ICU
面积：2 900 m²

ICU 设有中心监护站，直接观察所有监护的病床。每床位的占地面积为 15~18 m^2，床位间用玻璃或布帘相隔。ICU 的设备必须配有床边监护仪、中心监护仪、多功能呼吸治疗机、麻醉机、心电图机、除颤仪、起搏器、输液泵、微量注射器、处于备用状态的吸氧装置、气管插管及气管切开所需急救器材。在条件较好的医院，还配有血气分析仪、微型电子计算机、脑电图机、B 超机、床旁 X 线机、血液透析器、动脉内气囊反搏器、血尿常规分析仪、血液生化分析仪等。

① 院总 ICU 相关设计

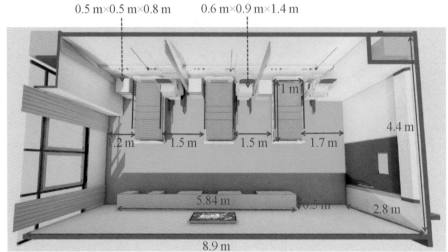

名称：三人病房
面积：39 m^2

三人病房包含病床、床头柜、设备带、呼吸机、喷淋头、灯具、输液杆。每张病床边设有呼吸机，在现代临床医学中，呼吸机作为一项能人工替代自主通气功能的有效手段，已普遍用于各种原因所致的呼吸衰竭、大手术期间的麻醉呼吸管理、呼吸支持治疗和急救复苏中，在现代医学领域内占有十分重要的位置。

单人病房包含病床、床头柜、吊塔、呼吸机、血透机、喷淋头、灯具、输液杆。其中，血液透析，临床上指血液中的一些废物通过半渗透膜除去。血液透析是一种较安全、易行、应用广泛的血液净化方法之一。

天花板　风口　输液吊杆　窗帘　警报器　医用移门
灯具（3个）　喷淋头

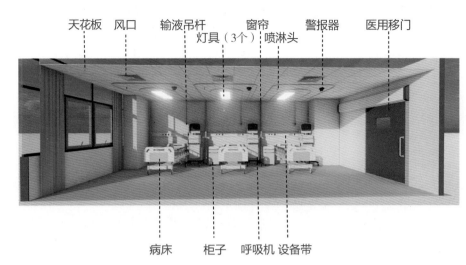

名称：三人病房
面积：39 m²

病床　柜子　呼吸机 设备带

天花板　吊塔 风口　喷淋头

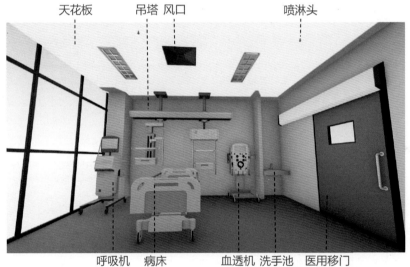

名称：单人病房
面积：20 m²

呼吸机　病床　血透机 洗手池　医用移门

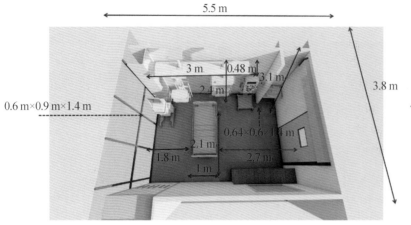

名称：单人病房
面积：30 m²

② 本项目相关设计特点

本项目 ICU 平面设计遵循洁污分流、流线短捷、合理高效、便于疏散的总原则。手术部医护人员、病人、洁净物品、污物的流线如下：

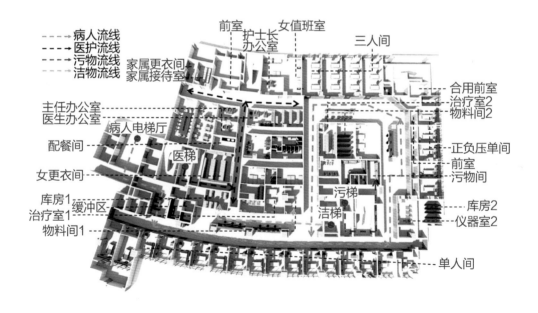

名称：院总 ICU
面积：2 900 m²

2.1　医护人员的流线

医护人员通过医梯进入淋浴和更衣室，然后到达各办公室，医护人员可直接进入ICU病房区域工作。

2.2　病人流线

病人通过病人电梯厅进入换床室，可直接进入ICU病房和负压病房进行治疗。

2.3　洁净物品流线

洁净物品由洁梯运输到达ICU，穿过护士站，直接送往洁净物品物料间和库房。

2.4　污物流线

ICU病房中使用过的污物就地打包，送往污物间暂存。再通过污梯运送至医院集中医疗废弃物存放点。

按照相关流线，将ICU分为医护生活区、医护工作区和污区。

3　本项目主要设备及材料

本项目ICU病房墙面采用无机预涂板，地面采用耐磨型橡胶卷材，顶面采用无机预涂板，顶面标高为2.8 m。

走廊墙面采用树脂板，地面采用耐磨型橡胶卷材，顶面采用无机预涂板，顶面标高为3 m。

病房中均设有医用吊塔，主要用于手术室供氧、吸引、压缩空气、氮气等医用气体的终端转接。主要优点：由电机控制设备平台的升降，安全、可靠；平衡式设计使设备平台维持水平，保证设备的安全；电机的驱动保证设备快速、有效地运作；坚实的设计制造与可使用标准消毒剂清洗的复合材料表面，可完全杜绝污染等。

ICU病床边设有呼吸机，能够起到预防和治疗呼吸衰竭的作用，减少并发症，是挽救及延长病人生命的至关重要的医疗设备。

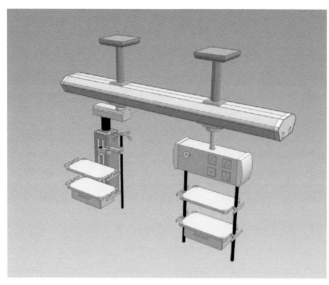

名称：吊塔
型号：HyPort B80 Ⅱ
使用部位：ICU
几何尺寸：3 000 mm×2 400 mm×
480 mm
材质：铝合金
技术参数：负压终端位于终端箱底部，
避免拔出时终端弹出伤人；气电同侧，
利于线缆管理。
应用案例：江苏省人民医院
生产厂家：深圳迈瑞生物医疗电子股份
有限公司

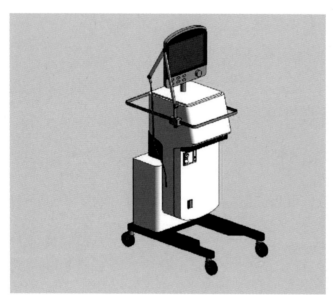

名称：呼吸机
使用部位：ICU
几何尺寸：600 mm×800 mm×
1 500 mm
材质：铝合金
技术参数：显示方式为滚动，刷新，自
动调节坐标，冻结／解冻图形，图形储存，
前后图形重叠比较，显示任何一点的坐
标值，监测参数有呼吸频率、呼出潮气
量、呼出分钟通气量、呼吸气峰压、平
均气道压、吸气平台压呼气末压、输出
氧浓度、患者泄漏气量。
应用案例：江苏省人民医院

4 视频漫游

（江苏省人民医院　宋燕波）

南京鼓楼医院集团宿迁市人民医院新建门急诊楼、
病房综合楼项目效果图

第二节
新生儿重症监护室（NICU）

项目概况

　　南京鼓楼医院集团宿迁市人民医院新建门急诊楼、病房综合楼项目位于江苏省宿迁市宿城区黄河南路，项目总建筑面积约 6.9 万 m^2。该项目主要包括门诊、急诊、体检中心、静配中心、院内食堂、住院病房、地下停车场等。本项目新建 NICU 位于病房综合楼顶层，建设标准参照《中国新生儿病房分级建设与管理指南（建议案）》，病室等级为Ⅲ级 a 等。

　　新生儿重症监护（neonatal intensive care）指针对患有严重疾病、医学上呈现不稳定状态的新生儿所进行的持续护理、手术治疗、辅助呼吸及其他重症医护措施。NICU 不同于常规的重症加强护理病房（intensive care unit），是对危重新生儿进行护理、治疗的病室，在医学技术上有复杂的要求。

❶ 方案设计

1.1 平面设计

本项目 NICU 可分为 6 个区域。

抢救治疗区：主要有抢救病室、新生儿室、光疗室、隔离病室和袋鼠式护理室。

诊断检查区：主要有监察室、操作室、X 光室、仪器室、器械室等。

护理辅助用房：主要有治疗室、护士站、医生办公室、示教室、主任办公室、护士长办公室、值班室等。

入口接待区：主要有入院指导室、等候区及探视区域。

污物处理区：主要有处置室、污洗间、污梯前室等。

半污染区：主要有处置室、更衣淋浴室等。

NICU 建筑平面图

1.2　流线规划

■ 病人流线

（1）抢救病人流线

抢救治疗区

诊断检查区

护理辅助用房

家长探视区

污物处理区

半污染区

抢救病人流线

（2）常规病人流线

抢救治疗区

诊断检查区

护理辅助用房

家长探视区

污物处理区

半污染区

常规病人流线

（3）医护流线

抢救治疗区
诊断检查区
护理辅助用房
家长探视区
污物处理区
半污染区

医护流线

（4）污物流线

抢救治疗区
诊断检查区
护理辅助用房
家长探视区
污物处理区
半污染区

污物流线

1.3　医疗装饰设计

（1）装饰材料的选用

《中国新生儿病房分级建设与管理指南（建议案）》中要求：新生儿病房地面覆盖物、墙壁和天花板应当符合环保要求，有条件的可以采用高吸音建筑材料。除了患儿监护仪器的报警声外，电话铃声、打印机等仪器发出的声音等应当降到最低水平。原则上白天噪音不要超过 45 dB，傍晚不超过 40 dB，夜间不超过 20 dB。

基于《中国新生儿病房分级建设与管理指南（建议案）》的要求，我院新建 NICU 的室内装饰材料的选用原则，优先考量的是材料的吸音性能。

本项目病室内顶面选用的是 600 mm×600 mm 多孔洁净板吊顶，主要考虑到多孔材质一般都具有较好的吸音效果。地面材质选用暖色调 PVC 塑胶地板，可有效隔声减震，使新生儿室内的人员走动和轮子滚动的声音大大减小。为了使整体风格与病房综合楼的标准病房一致，墙面选用的是易于清洁的抗倍特板（compact laminate，紧凑型层压板）。但是抗倍特板属于"较硬"的材质，易于反射声波。为了降低声波的反射，在软装阶段将会悬挂厚质密实的窗帘，主要考虑到厚实致密的窗帘具有较好的吸声、隔声特性。

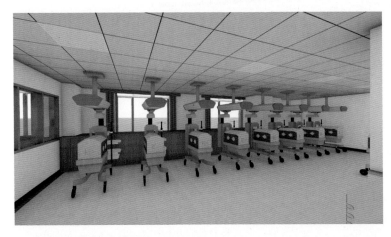

新生儿病室最终效果图

所有的建筑外窗均布置厚质密实的窗帘，顶面为 600 mm×600 mm 多孔洁净板，灯具选用 600 mm×600 mm LED 平板灯，墙面装饰均为干挂式抗倍特板，地面为 PVC 塑胶地板并做圆弧角上翻踢脚线。

（2）新生儿室对光源的要求

如果患儿长期处于强光光刺激环境，会时刻处于不安定的状态，导致应激反应，耗氧量和代谢率增加，生长激素降低，体重增加缓慢。同时强光的刺激也会导致斜视、弱视。因此本项目 NICU 新生儿室的光源选用 600 mm×600 mm LED 平板灯，具备可调色温功能和多挡光照强度调节功能。

在非治疗操作期间，可将色温调节至 3 000 K 以下，并将光照强度调至最低，同时可在培养箱上增加覆盖物，以降低光照对新生儿的影响。在治疗操作期间，可将色温调节至 5 000 K 以上，并调整光照强度，以满足医护人员的护理诊断的需求。

色温 5 700 K（白光）的效果图

色温 2 500 K（暖光），光照强度较低的效果图

1.4 机电设备选型

根据本项目设计图纸，新生儿室的中央气体和电源插座采用双层医疗设备带与医疗吊塔相结合的方案。新生儿室靠南侧外窗的区域采用双层设备带，北侧区域选用吊塔；新生儿抢救室内全部选用医疗吊塔。

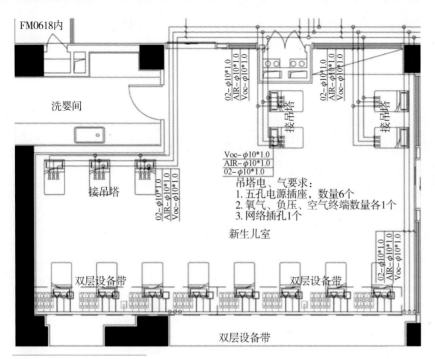

FM0618内

洗婴间

接吊塔

新生儿室

双层设备带

双层设备带

双层设备带

吊塔电、气要求：
1. 五孔电源插座，数量6个
2. 氧气、负压、空气终端数量各1个
3. 网络插孔1个

Voc-φ10*1.0
AIR-φ10*1.0
O2-φ10*1.0

新生儿室中央气体设计图

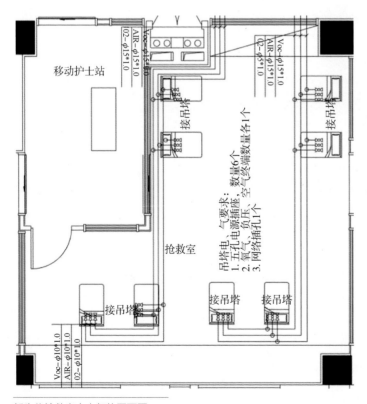

移动护士站

接吊塔

抢救室

接吊塔

吊塔电、气要求：
1. 五孔电源插座，数量6个
2. 氧气、负压、空气终端数量各1个
3. 网络插孔1个

新生儿抢救室中央气体平面图

1.4.1　设备选型

新生儿重症监护室（NICU）不同于成人重症加强护理病房（ICU），NICU 内的吊塔应与婴儿培养箱相配合。本项目吊塔供应方可供选择的吊塔型号为Ⅰ型和Ⅱ型。

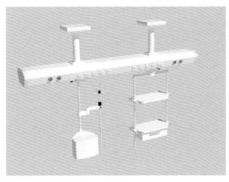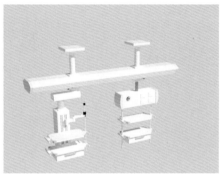

Ⅰ型　　　　　　　　　　　　　　　　　Ⅱ型

其中Ⅰ型吊塔的电源接口和气源接口在吊塔上方横梁部位，管线连接距离过长，不易与婴儿培养箱相配合。Ⅱ型吊塔因气源接口和电源接口位于下方能量柱和仪器平台上，能够较好地与培养箱配合。

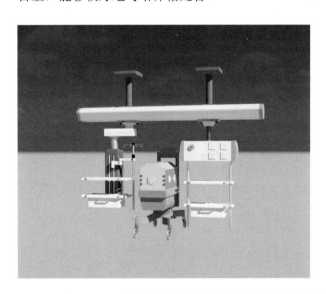

气源接口和电源接口位于下方，各类管线连接线路较短。

在导入吊塔模型和培养箱的模型后，我们发现如果使用全尺寸的Ⅱ型吊塔，那么NICU 的床位数会远低于原来规划的床位数。

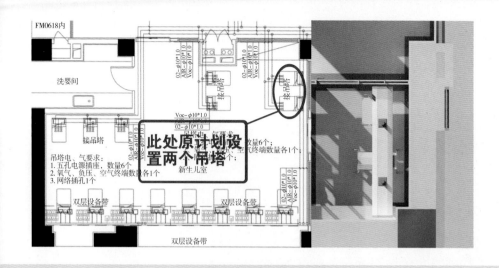

如使用全尺寸Ⅱ型吊塔，原设计位置只能摆放一台培养箱，低于原图纸规划。

在与吊塔厂家协调后，吊塔厂家认为可以把气源接口和电源接口都集中在能量柱上，只保留能量柱，去除仪器平台，从原来的双桥改为单桥，这样可以使吊塔的长度减少一半，以满足原规划设计的要求。此方案得到了新生儿科的认可，因此我院 NICU 的吊塔选用的是只有能量柱的Ⅱ型吊塔。

 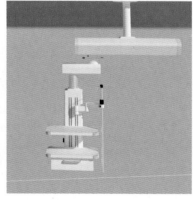 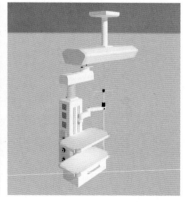

经协商后选用的吊塔效果图

1.4.2 医疗设备布置

依据《中国新生儿病房分级建设与管理指南（建议案）》中的要求，新生儿病室内床均净面积 $\geq 3\ m^2$，床间距 $\geq 0.8\ m$，通过检查 BIM 模型中的床间距，距离为 820 mm，床均净面积约为 $6.3\ m^2$，均满足《中国新生儿病房分级建设与管理指南（建议案）》中的要求。

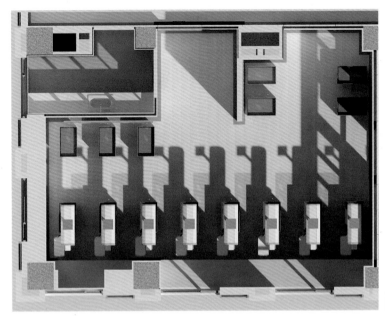

新生儿室的俯视图

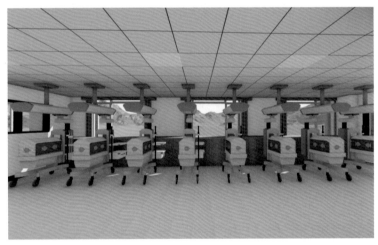

新生儿室的吊塔部位的正视图

抢救室的正视图

1.4.3　医疗设备的离地高度调整

本 NICU 内设置了光疗室，光疗室内有专门的新生儿黄疸治疗箱，在新生儿室内导入拟使用的婴儿培养箱的模型和在光疗室内导入新生儿黄疸治疗箱后，考虑到 NICU 内的护士大多都是女性，我们利用 BIM 技术在新生儿室和光疗室内放置一个高 1.6 m 的虚拟人物，通过虚拟人物模拟医护人员工作状态来进行调整。

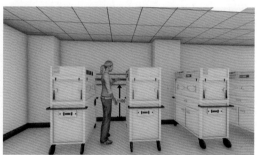

光疗室内黄疸治疗箱与医疗设备带的配合：当双层设备带的底部距地高度为 900 mm 时，下层设备带的电源接口与黄疸治疗箱背部的电源接口出现碰撞，将设备带的底部距地高度修改为 1 100 mm 后，能够较好地满足医护人员的需求。

在完成光疗室的设备带高度调整后，我们进行了新生儿室的设备带高度调整。

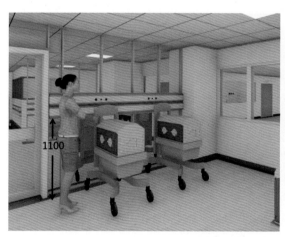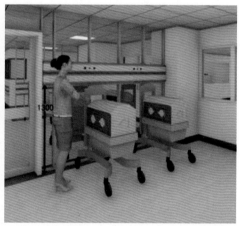

当设备带的底部距地高度为 1 100 mm 时，下层设备带的电源接口和婴儿培养箱上部出现了碰撞，将设备带的底部距地高度修改为 1 300 mm 后，医护人员认为能够满足使用需求。

最后我们在新生儿室中导入婴儿培养箱和吊塔的模型，从最低高度 1 500 mm 开始慢慢将吊塔往上挪，以此来模拟实际使用的环境。

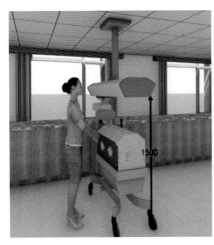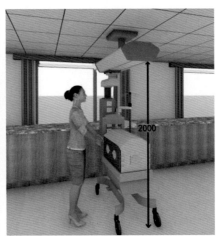

当吊塔的距地高度为 2 000 mm 时，医护人员认为能很好地观察监护仪器，而且电源和气源接口与婴儿培养箱也能形成很好的配合。

1.4.4 各类接口数量的确认

在规划设计 NICU 之时，医护人员就提出电源接口一定要多，根据临床使用的经验和与设备带设计单位协商结果，最终确认新生儿室设备带和吊塔上每个单元配 6 个电源插座和一个信息网络插座。由于设备带上的电源插座较多，因此我们规划设计了双层设备带，气路和电路在物理上的隔绝也使得设备更加安全。为了能尽量多接一些电源设备，设备带上电源插座最终确认为斜五孔插座。

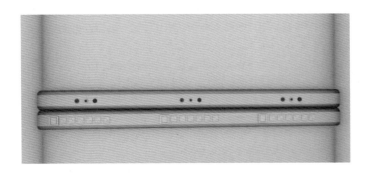

双层设备带的上层为气源接口，每个单元配备 1 个氧气、1 个压缩空气、1 个负压接口，双层设备带下层为电源和信息网络接口，每个单元配备 6 个斜五孔插座、1 个网络信息接口。

斜五孔插座示意图

　　抢救室内配备的全部是吊塔，新生儿科结合临床使用需求考虑到抢救室用电设备的角度，因此每个吊塔配备 10 个电源插座。

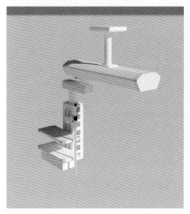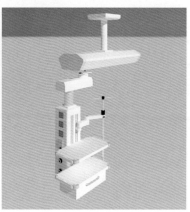

　　吊塔的能量柱两侧均设置了电源插座，总计 10 个正五孔插座；每个吊塔均配备 1 个氧气、1 个压缩空气、1 个负压接口，以及 1 个信息网络接口。

❷ 视频漫游

参考文献

［1］　中国医师协会新生儿科医师分会.中国新生儿病房分级建设与管理指南（建议案）［J］.发育医学电子杂志，2015，28（4）：193-202.

［2］　杨阳.现代综合医院新生儿重症监护中心（CICU）建筑设计研究［D］.西安建筑科技大学，2017.06.

（南京鼓楼医院集团宿迁市人民医院　戚永刚）

第三节
急诊重症监护室（EICU）

项目概况

　　EICU 俗称急诊重症监护室，EICU 是 ICU 的分支，侧重于急诊心肺功能不全患者的治疗。其收住适应证主要为：各种肺内或肺外原因所致呼吸衰竭，需用无创或有创通气支持的患者；各种原因所致循环衰竭，经一般处理或简单液体复苏仍不能改善者；需呼吸或循环支持的大咯血、消化道大出血患者的保守治疗等。

　　苏州大学第一附属医院 EICU 位于三层南部，建筑面积 2 600 m^2，包括配套的办公辅房、办公走廊、净化辅房和净化走廊、急诊病房。

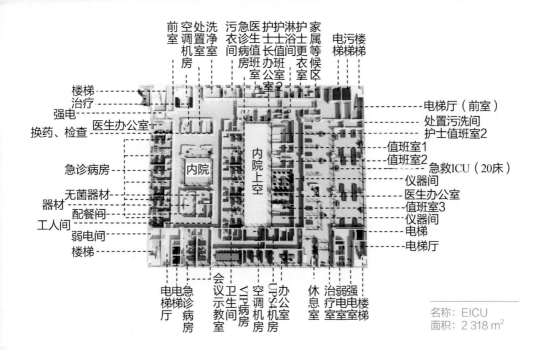

前室
空调机房
处置室
洗净室
污衣间
急诊病值班房
医生值班室
护士长办公室2
淋浴间
护士更衣室
家属等候区
电梯
污梯
楼梯

楼梯
治疗
强电
换药、检查
治疗 医生办公室
急诊病房
无菌器材
器材
配餐间
工人间
弱电间
楼梯

电梯厅（前室）
处置污洗间
护士值班室2
值班室1
值班室2
急救ICU（20床）
仪器间
医生办公室
值班室3
仪器间
电梯
电梯厅

内院
内院上空

电梯厅
电梯急诊病房
会议示教室
卫生间
VIP病房
空调机房
UPS机房
办公室
休息室
治疗室
弱电室
强电室
楼梯

名称：EICU
面积：2 318 m²

1 EICU 相关功能设计

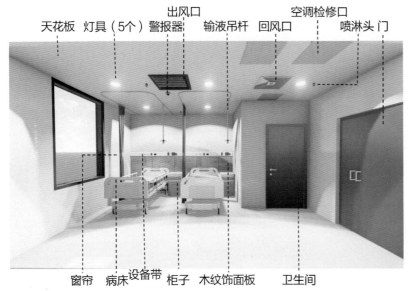

天花板　灯具（5个）　警报器
出风口　输液吊杆　回风口
空调检修口
喷淋头　门

窗帘　病床　设备带　柜子　木纹饰面板　卫生间

名称：双人病房
面积：21 m²

　　苏州大学第一附属医院 EICU 包含抢救大厅和多间双人病房。病房中有两张病床以及完善的卫浴设施。抢救大厅设有多张急救病床及多种常用仪器。

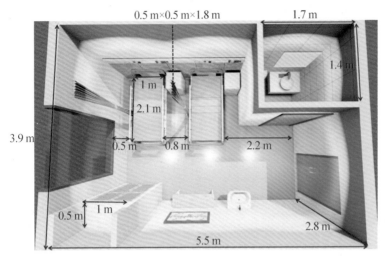

0.5 m×0.5 m×1.8 m 1.7 m
1.4 m
1 m
2.1 m
3.9 m
0.5 m 0.8 m 2.2 m
0.5 m 1 m
2.8 m
5.5 m

名称：双人病房
面积：21 m²

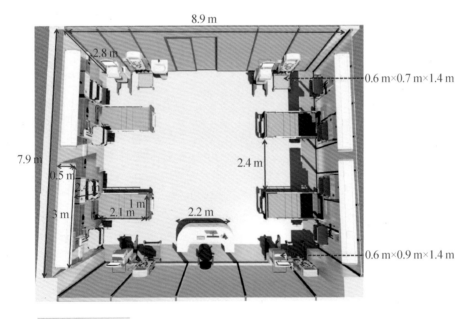

8.9 m
2.8 m
0.6 m×0.7 m×1.4 m
7.9 m
0.5 m
2.4 m
2.4 m
3 m 1 m
2.1 m 2.2 m
0.6 m×0.9 m×1.4 m

名称：抢救大厅
面积：70 m²

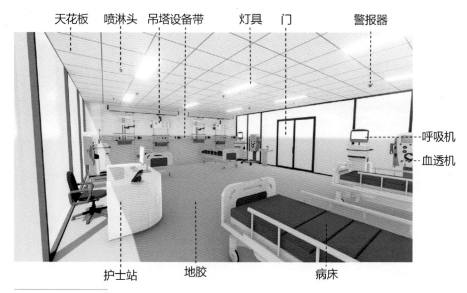

名称：抢救大厅
面积：79 m²

2 本项目相关设计特点

本项目 EICU 平面流程按外周回收型设计，实现洁污分流、流线短捷、合理高效、便于疏散的总原则。手术部医护人员、病人、洁净物品、污物的流线如下：

2.1 人员流线

■ 医护人员流线

医护人员通过医梯进入办公走廊，然后到各办公室办公，在岗医护人员通过淋浴更衣后，可直接进入 EICU 办公区工作，也可以进入急诊病房区进行工作。

■ 病人流线

病人通过急诊病房区的电梯可以直接进入急诊病房区。也可以通过急诊 ICU 区域的电梯，直接进入 ICU 进行治疗。

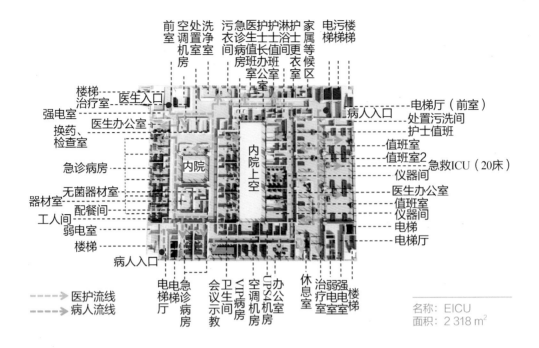

名称：EICU
面积：2 318 m²

医护流线
病人流线

2.2 物品流线

■ 洁净物品流线

洁净物品通过洁物电梯进入三层急诊 ICU，穿过走廊送至被服间。洁净的被服用品可以直接送往急症病房区和 ICU 抢救室。

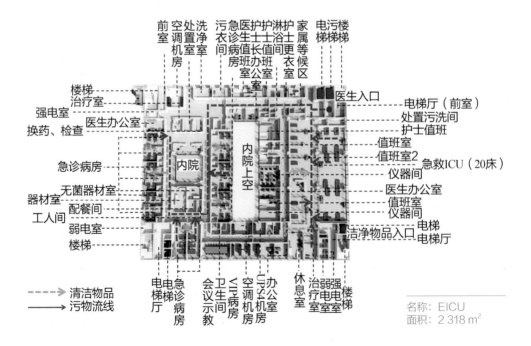

名称：EICU
面积：2 318 m²

清洁物品
污物流线

■ 污物流线

急诊病房和 ICU 抢救室中使用过的污物被服可以就地打包，送往污衣间并进行处理。而一部分医疗污物经过打包处理后，通过污梯传送至医院专门的医疗垃圾收集处，将污物集中处理掉。

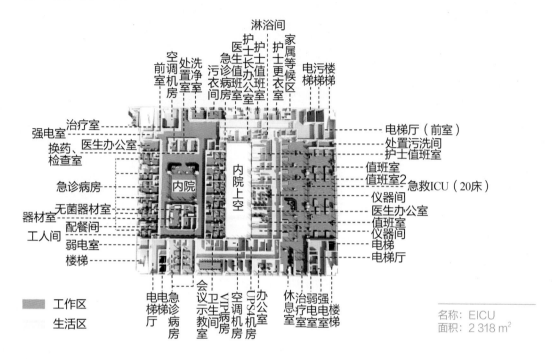

名称：EICU
面积：2 318 m²

3　本项目主要设备及材料

本项目 ICU 抢救室墙面采用 FS 抗污涂料，地面采用医用地胶板，顶面采用 600 mm×600 mm 白色铝板，顶面标高为 2.8 m。

急诊病房墙面采用 FS 抗污涂料，地面采用医用地胶板，顶面采用纸面石膏板和 FS 抗污涂料，顶面标高为 2.8 m。

其他洁净走廊和洁净辅房的墙面采用白色 FS 抗污涂料，地面采用医用地胶板，顶面采用 600 mm×600 mm 矿棉板，顶面标高为 2.8 m。

4　视频漫游

（苏州大学第一附属医院　王　斐）

苏州大学附属第一医院平江分院项目实景图

第三章
消毒供应中心（CSSD）

项目概况

    苏州大学附属第一医院平江院区于 2015 年 8 月 28 日正式启用。新落成的苏大附一院平江院区位于苏州平江新城平海路 899 号（苏州火车站正北 2 km），总规划用地 200 亩。建成的是占地 100 亩的一期门诊和病房大楼，设计日门诊量 5 000 人次，规划床位 1 200 张，配套停车位 1 200 个。本项目新建消毒供应中心位于建筑裙楼三层，建设标准参照消毒供应中心相关专业规范及相关的其他国家规范等。

    消毒供应中心（central sterile supply department, CSSD）是医院内承担各科室所有重复使用诊疗器械、器具和物品清洗消毒、灭菌以及无菌物品供应的部门。其内部分为生活区、污染区（去污区）、洁净区（检查包装及灭菌区和无菌物品存放区），且每个分区的温湿度、压力梯度、换气次数等参数各不相同。装饰材料亦有专业、规范的要求。

① BIM 技术的应用

1.1 平面设计

在规划设计时我们参考了周边医院的消毒供应中心（CSSD），发现这些医院的 CSSD 设计大都存在平面布局不合理、内部物流运行混乱、设计及施工协调不一等问题。

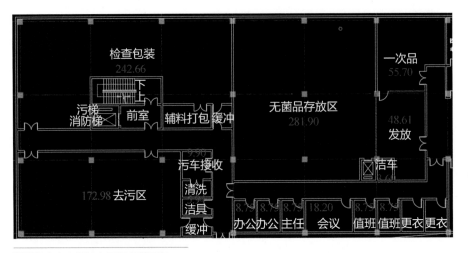

消毒供应中心设计布局不合理示意

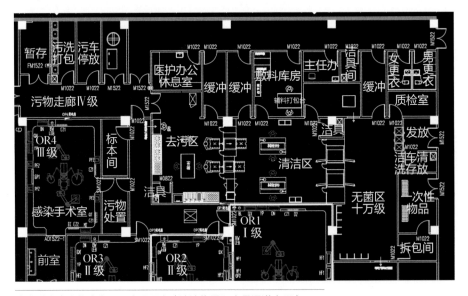

消毒供应中心物流交叉不合理示意（清洁物品和人员通道交叉）

平江院区新建的消毒供应中心（CSSD）位于建筑裙楼三层，整体大楼的结构形式为框剪（筒体）结构，整体建筑布局为"回"字形。因为没有可参照学习的已完项目，所以建设单位和设计单位只能尽量通过合理规划各功能用房布局，来满足各方的需求。

本项目 CSSD 分为四个区域：

去污区：主要有去污工作区、接收大厅、水处理间、污车清洗、耗材库房等。

检查包装及灭菌区：主要有器械检查打包区、敷料打包间、敷料库房、器械库房、低温灭菌间等。

无菌物品存放区：主要有晾放间、无菌物品存放区、一次性物品带包装库房、一次性物品存放区、发放大厅、洁车存放等。

生活及辅助区：主要是科室人员生活区有男女更衣卫浴间、男女值班室、办公室、资料室、学习会议室等。

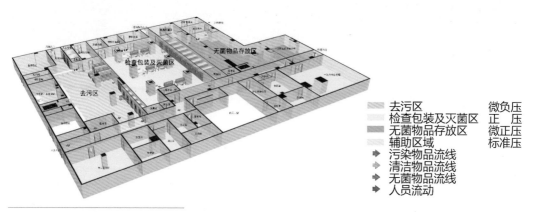

平江院区消毒供应中心建筑平面图

1.2　流线规划

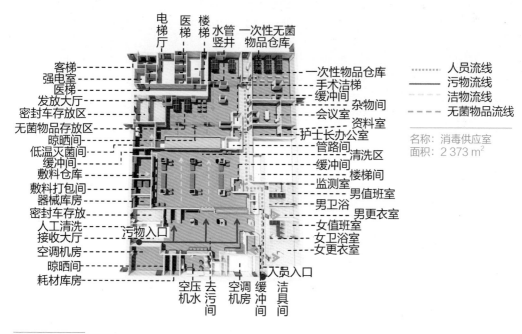

综合流线图

（1） 人员流线

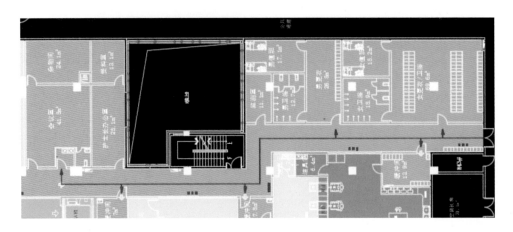

（2） 污物流线

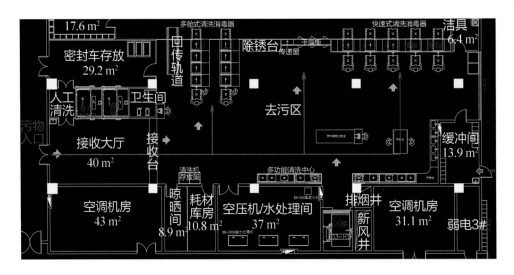

（3） 洁物流线

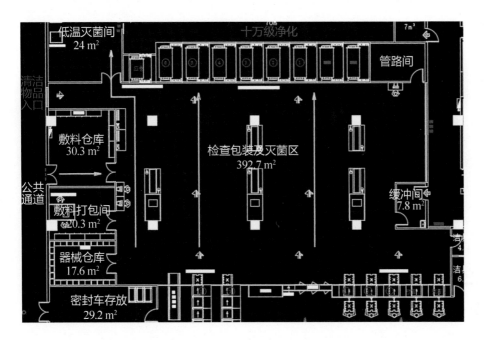

（4） 无菌物品流线

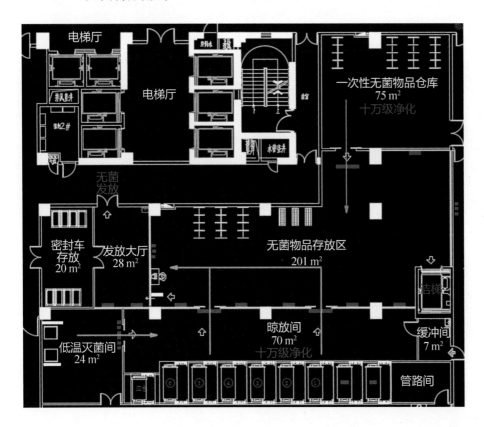

1.3 医疗装饰设计

（1）装饰材料的选用

WS 310.1—2016《医院消毒供应中心 第 1 部分：管理规范》中规定：工作区域设计与材料要求，应符合以下要求：

① 去污区、检查包装及灭菌区和无菌物品存放区之间应设实际屏障。

② 去污区与检查包装及灭菌区之间应设物品传递窗，并分别设人员出入缓冲间（带）。

③ 缓冲间（带）应设洗手设施，采用非手触式水龙头开关。无菌物品存放区内不应设洗手池。

④ 检查包装及灭菌区的专用洁具间应采用封闭式设计。

⑤ 工作区域的天花板、墙壁应无裂隙，不落尘，便于清洗和消毒；地面与墙面踢脚及所有阴角均应为弧形设计；电源插座应采用防水安全型；地面应防滑、易清洗、耐腐蚀；地漏应采用防返溢式；污水应集中至医院污水处理系统。

基于消毒供应中心专业规范的要求，平江院区新建 CSSD 的室内装饰材料的选用原则，优先考量的是材料的抗菌防水等性能。

本项目工作区（去污区、检查包装及灭菌区、无菌物品存放区）顶面选用的是医疗板面层吊顶，主要考虑到该材料具备良好的抗菌性和耐擦洗性能。地面材质选用不同区域不同颜色的进口橡胶卷材地板，橡胶地板可有效耐磨防滑并具有优良的抑菌性能。墙面选用的是易于清洁的医疗板面层（阴阳角处采用专用圆弧型材过渡）。医疗板具有优良的抗菌抗污染性能，同时具备优良的防火性能。在完成 CSSD 室内装饰的BIM 模型后，我们向消毒供应中心科室进行了展示，得到了科室的认可。

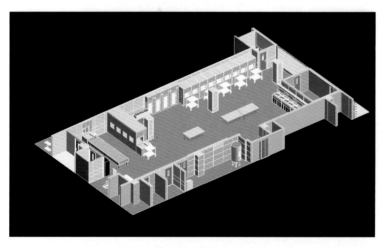

BIM 模型图

所有的建筑外窗均采用固定密封窗，顶面为 4 mm 医疗板面层，灯具选用洁净灯具，墙面面层装饰均为 4 mm 医疗板（阴阳角处采用专用圆弧型材过渡），地面为进口橡胶卷材地板并做圆弧角上翻踢脚线消毒供应中心最终效果图：

装饰效果图

（2）　在向消毒供应中心科室展示内部装饰的 BIM 时，科室对内部设备的摆放位置提出要求，并结合实际使用时的操作流程，对消毒供应中心运行核心设备的位置提出诸多建议，为将来消毒供应中心投入运行后工作人员的工作效率提供强力支持。

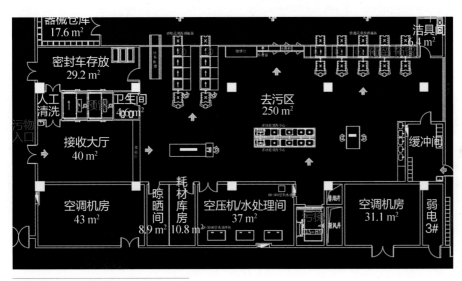

调整前的设备位置效果图（局部）

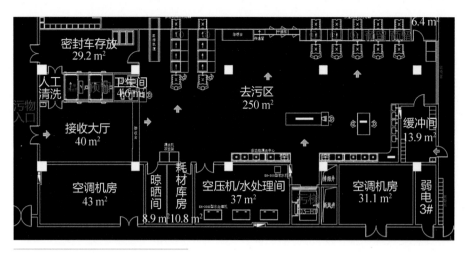

调整后的设备位置效果图（局部）

装饰方案通过 BIM 技术的展现，经过多次调整后，最终得到了科室的认可，施工单位也依照 BIM 模型进行施工。

1.4 BIM 技术在医疗设备中应用

1.4.1 BIM 技术在管线综合中的应用

根据本项目设计图纸，洁净蒸汽发生器及蒸汽分汽缸等设备均位于管路间内，造成该房间管道错综复杂，设备布置困难，但这些在 BIM 模型中都提前得到有效布置，实现了设备的高效运转。

消毒供应中心管路间设计图

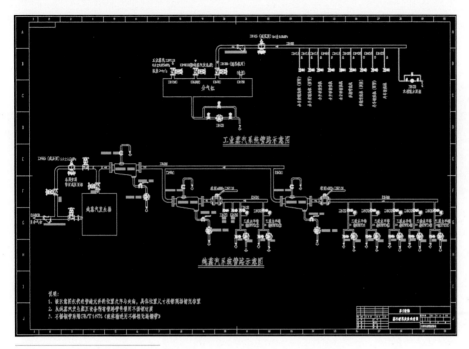

消毒供应中心管路间系统图

1.4.2 灭菌器摆放的 BIM 模拟

消毒供应中心运行的核心设备——灭菌器，通过建好的 BIM 模型审核时发现设备的灭菌架在进出设备时与设备前后门的柱子距离过近，影响设备灭菌架的正常进出。因此在模型中对灭菌器的摆放位置进行了精确调整，确保灭菌器运行时可以良好地完成装卸载工作。

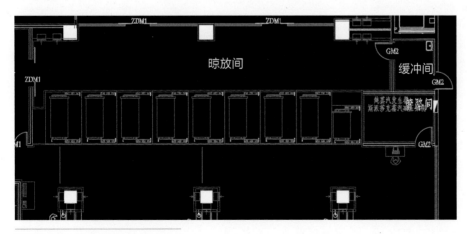

消毒供应中心灭菌器初摆放位置

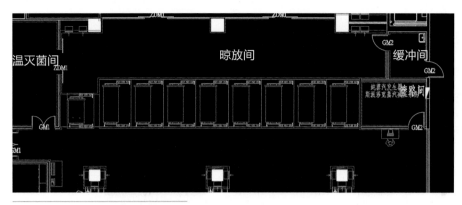

消毒供应中心灭菌器调整摆放位置

消毒供应中心灭菌器调整摆放模型（一）

消毒供应中心灭菌器调整摆放模型（二）

1.4.3 清洗流线 BIM 模拟及其他设备摆放 BIM 模拟

在 BIM 模型的审核中，科室的操作人员还发现清洗设备的摆放不符合正常的操作流程，造成清洗路线过长，影响操作人员工作效率。且清洗设备顶部的排气管道过于密集并与空调风管交叉过多，严重影响去污区吊顶高度，因此通过模型的比对和调整，提前避免了这些问题。

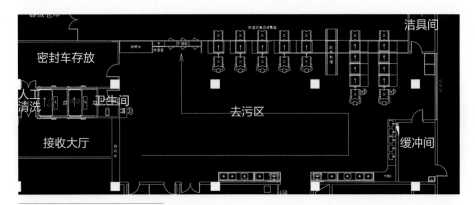

消毒供应中心清洗机初摆放位置

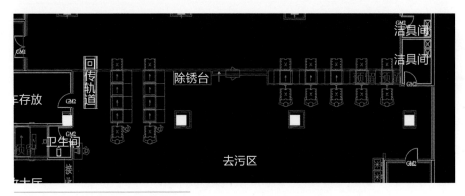

消毒供应中心清洗机最终摆放位置

消毒供应中心清洗机最终摆放模型

1.4.4　参观窗布置

根据原设计图纸，消毒供应中心人员走廊处的窗均为普通固定窗，窗台离地800 mm，窗宽3 600 mm。

通过BIM模拟发现，由于参观走廊长度较长，走廊内透过参观窗看到的工作区域太大，影响工作人员视线及感受。

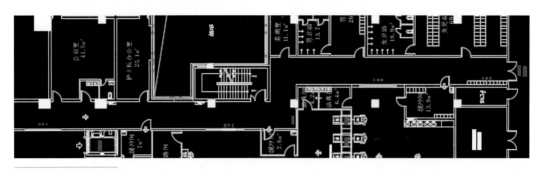

调整前的走廊外窗

经过与消毒供应中心科室及设计单位协商，人员走廊内的窗均调整为大尺寸落地窗。

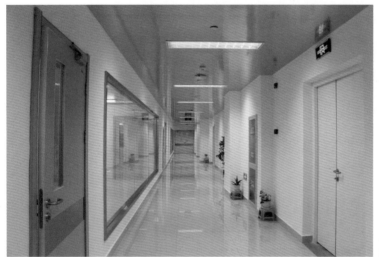

外窗调整初步效果图

消毒供应中心科室在审核平面图纸时，对其中晾放区的房间尺寸有疑虑，担心无菌物品转运空间过于狭小，影响人员操作。在 BIM 模型展示时，设计单位结合设备供应商提供的相关设备尺寸，建立灭菌车及相关设备模型，从立体层面上对灭菌车的转运进行检查，保证万无一失。

晾放间现场模型

1.5　能量吊塔离地高度调整

本项目 CSSD 内主要的检查包装区域面积较大，场地中间摆放需要提供信息接口、电力、压缩气体的检查打包台，每个打包台处配置了相应的能量吊塔，但科室始终担心是否影响使用，于是我们尝试利用 BIM 技术来解决这个问题。

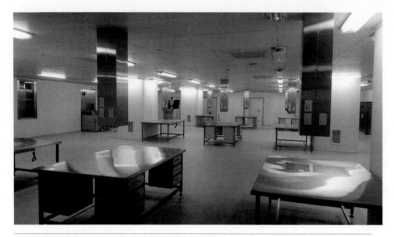

每个能量吊塔的平面定位、下垂高度在经过精准的 BIM 建模后最终的效果

2　BIM 技术在特殊医疗区域设计中的应用价值

本项目 CSSD 设计过程中，没有类似项目可以参照学习是最大的痛苦之处，若没有 BIM 技术的支撑，很有可能会出现使用"不顺畅"的情况。

通常情况下医护人员对平面图纸是不敏感的，看不懂平面图纸，BIM 技术摆脱了传统二维图纸的局限性，通过 BIM 技术的实际展现，医护人员往往能够发现平面图纸中存在的问题，这能省去很多建设完成后的各类修改和建设过程中的工程变更，虽然这在最终工期计算和竣工结算时是无法体现的。

未来若加强 BIM 技术在协同设计中的重要性，利用 BIM 技术作为项目参与各方的中心整合点，优化设计方案、施工方案，那么其提前竣工后的时间成本价值非常可观。

3　视频漫游

（山东新华医疗器械股份有限公司　张山泉）

南京市溧水区中医院效果图

第四章
手术中心

项目概况

　　南京市溧水区中医院始建于1981年，是一所集医疗、教学、科研、康复于一体的综合性二级甲等中医医院。2018年12月18日医院整体搬迁至新址永阳镇文昌路201号。新院区占地面积126亩，总投资8.3亿元。一期工程医疗综合楼主体23层，建筑面积100 001.67 m²。

　　新建的洁净手术部位综合楼位于四层，净化空调机组设置在五层；根据《医院洁净手术部建筑技术规范》GB 50333—2013、《综合医院建筑设计规范》GB 51039—2014、《综合医院建设标准》建标110-2008、《建筑设计防火规范》等国家标准及行业标准设计，洁净手术中心建筑面积约1 841 m²，洁净手术中心一共设置了10间手术室及其他辅助房间。

1　洁净手术室设计思想

　　手术室（operating room，OR）是为病人提供手术及抢救的场所，是重要的医技部门。随着现代科学的净化技术的发展，在现代化的医院中，洁净手术部已成为重要的部门，建立一个合格的洁净手术室成为设计师、工程师、医疗工作者、基建工作人员面对的一个重要课题，洁净手术室的平面设计是手术室建设的重要基础。洁净手术室的选址对环境要求十分严格，要求无噪音干扰、无污染，要便于消毒、隔离。手术部与相关部门同层或近层布置，如ICU、病理、血库、中心（消毒）供应室、外科病房、急诊科室。一般洁净手术部设置于医院裙楼的最高层，同时上部便于设置技术层或局部的机房空间。

　　洁净手术部选址是洁净手术部建立的要点，在建筑设计方案阶段时，针对溧水区中医院洁净手术部选址，净化专业人员设计团队参与了设计洁净手术部的位置、布局、范围确定，避免因位置、布局、范围不当而造成手术室使用及资源浪费的问题，在四层洁净手术部西边设置的科室为输血科、病理科、信息科；西南边设置为透析中心，四层洁净手术部的正下方三层设置为ICU，四层洁净手术部的正上方五层设置为中心（消毒）供应室，手术部与相关部门同层或近层布置，做到联系方便、流线短捷。

　　本层手术中心位置的设置：

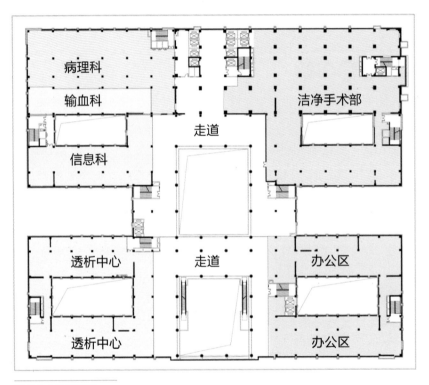

手术中心位置设置

　　本项目在规划设计阶段就强调让使用者参与进来的方针，在符合各建筑类规范文件的前提下尽量满足使用者的需求。

　　在项目初期的设计阶段，我单位就以设计部门为主导，市场部、工程部部门人员协助，参与项目的设计。在这一过程中与医院的使用者、基建部门以及建筑设计院进行了沟通与反馈，充分理解医院对洁净手术室的建设意图，以设计院的建筑设计图纸、国家及行业的相关规范为设计依据，对洁净手术部的平面进行深化设计。工程部门为方案的可行性提出自己的意见及工程解决方案，如空调风管的预留洞口、机组位置的定位、内部墙体与幕墙的衔接等问题，避免因施工问题而对方案进行改动，为方案的最终落实打下良好的基础。

　　在洁净手术室平面方案规划之前，项目组负责方案沟通、技术解决。根据现代洁净手术中心设计的不同理念，医院的洁净手术中心设计一般都是采用污染回收廊道型、清洁供应廊道型、清洁供应大厅型等类型。溧水区中医院的洁净手术部区域的建筑平面中间为一个大的采光井，呈回字形，这种结构结合采用了污染回收廊道型，一侧设计为洁净走廊，作为病人、医护人员及术前物品通道，另一侧设计为污物走廊，作为术后物品通道。

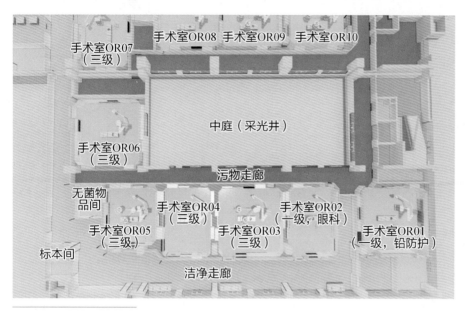

污染回收廊道型示意图

洁净手术室布局类型、分区、流线细化的规划中，分区要考虑到医院对手术部的管理：手术中心平面规划设计中，分为洁净区与非洁净区；进一步分为：医护人员生活区、洁净手术区、洁净辅助用房区域、污物通过区。

医护人员生活区：换鞋间、女更衣室、男更衣室、餐厅、主任室、避难间、护士长室、值班 1 室、值班 2 室。

洁净手术区：OR01～OR10。

洁净辅助区域：换床间、麻醉苏醒间、洁净走廊、麻醉药品间、无菌物品间、一次性物品间等。

污物通过区：清洁走廊、污洗间、污物暂存间、拖把间等。

在平面设计时，消防疏散是一个考虑的重点，也是方案是否通过审核的要点，需要满足《建筑设计防火规范》；手术室最佳的位置要设定在可以双向疏散的位置。对于建筑消防疏散设计时要了解建筑的性质，要根据其建筑高度、规模、使用功能和耐火等级合理设置安全疏散的走道，充分考虑好疏散楼梯的位置、数量，要掌握房间疏散距离的要求。

洁净手术室入口通道：通道口的设定是对人员管理及尘源的控制。设置了医护人员的入口，手术病人的入口及物品入口。进入手术部的人员应换鞋、更衣；病人进入手术间时需要换床，在手术病人的入口处设置换床间；物品进入手术的洁净区在缓冲区脱去外包装，经过墙上的传递窗或气密门进入手术间存放、使用；对于在这些通道口设置时需要结合使用者的意见设置一些功能区。

对于设置人、物流线设计时需要考虑医生的入口通道、手术病人的入口通道、洁净物品的入口通道、污染物品的出口通道；需要分清医护人员使用的电梯、病人使用的电梯、运送洁净物品的电梯、运送医疗废弃物的电梯、运送术后敷料及医疗器械的电梯。

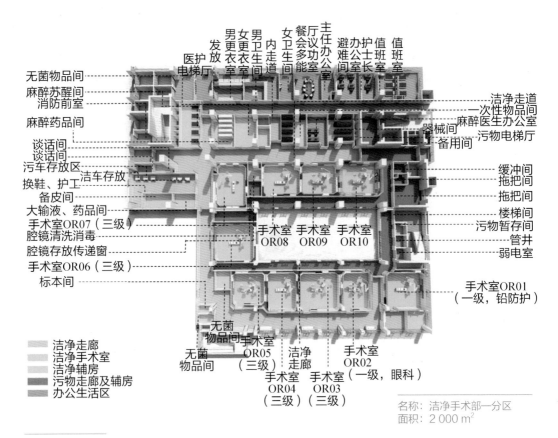

手术室分区图

洁净手术中心最主要的房间是洁净手术室，对于手术室的设计要考虑手术室的级别、位置、面积，这些是手术室设计时考虑的要点。洁净手术室用房的分级标准分为Ⅰ级、Ⅱ级、Ⅲ级、Ⅳ级；洁净区内手术区布置相对集中，高级别的手术室设置在干扰最小的区域。根据《医院手术室建设标准》中的手术室平面规模，小型手术室一般在 $20\sim25$ m²；中型手术室一般设定在 $25\sim30$ m²；大型手术室在 $30\sim35$ m²；特大型手术室在 $40\sim45$ m²。随着医疗仪器及手术要求的发展，实际操作中，手术室面积比《医院手术室建设标准》中的手术室平面规模要求的小、中、大、特大类型的面积大 $3\sim5$ m²。手术室的级别要根据手术类型确定，针对各科室使用的意见设置，手术室的面积大小根据手术类型、手术用房净化等级级别及人员数量设计。溧水中医院设计了 2 间百级、5 间万级、3 间普通手术室。根据气流压力的分布，2 间百级设置在手术部的最末端，干扰性最小。OR01 手术室面积为 43 m²，OR02 手术室面积为 33 m²；OR03~OR07 手术室设置为万级手术室；OR08～OR10空调系统采用新风加风机盘管；整个手术室都集中布置，围绕建筑的采光井设置。

在满足手术室的情况下，我们设计时进一步对辅助用房进行划分，合理安排各个辅助功能用房。洁净辅房区为无菌物品存放间、一次性物品存放间、器械敷料准备室、预麻间、苏醒间、麻醉准备间、药品间、谈话间、护士站、换床间等。对于辅助用房的位置的设定，我们考虑医护人员来往辅助用房与手术室的路线及远近，设置时考虑到减少医护人员的路程，方便使用，且要考虑好刷手池的数量及与手术室的距离，刷手池便于医护人员使用，靠近手术室。在溧水中医院手术室设置时刷手池距手术室一般距离都不大于5 m。对于护士站的位置的选定要考虑负责办理手术交接手续，控制出入手术区人员，监控整个手术区，通知、联系手术区内人员，通知家属等各项事宜。换床间作为病人的入口，设置时要考虑换床、存放洁车、污车的功能，换床间的大门采用双开电动感应门，设门禁系统，这些都是从减少交叉感染、方便管理的角度考虑的。

对于卫生通过区、医护人员生活区的设计，我们在做净化专业平面设计时要充分了解医院的需求，要与医院的科室主任、护士长、院感科、基建科等沟通了解医护人员的数量、休息就餐等情况，做好卫生淋浴区、办公区、餐饮休息区设计的同时要满足净化与人性化的要求。

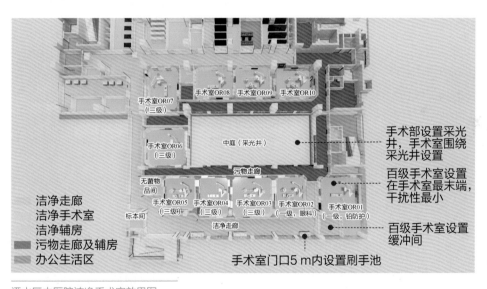

溧水区中医院洁净手术室效果图

2 装饰材料的选用

在溧水区中医院洁净手术室施工阶段，我们对于溧水区中医院洁净手术部在装饰装修材料的采购上遵循不产尘、不易积尘、耐腐蚀、耐碰撞、不开裂、防潮防霉、容易清洁、环保节能和符合防火要求原则去选用，特殊用房选用的材料要考虑防静电、防射线；建筑装饰装修材料分为结构材料、功能材料、装饰材料、辅助材料，避免由于设计、施工等人员对装饰材料在洁净手术部的运用理解不清，导致错用、乱用装饰材料，使得洁净手术部工程整体效果不理想，对于装饰材料的选用要熟悉装饰材料安全、功能、色彩、施工工艺、经济性、后期维护这些要点。

手术部是为病人解除病痛、治病救人的地方，安全是第一位的，手术部周围的环境一定是要安全的，而在选用装饰装修材料时，手术部对有害物质的释放量都有一定的要求，要选择符合国家绿色环保标准、行业标准、卫生标准的装饰材料，在溧水中医院的手术室我们选用了电解钢板材料。电解钢板视觉感观舒适，表面涂层耐腐蚀，能抑制细菌生长，容易清洗，对氯和消毒剂有很好的抗蚀性。

装饰材料污染源主要有甲醛、苯、甲苯、二甲苯、氡。甲醛污染主要来源是胶合板、细木工板（大芯板）、中密度板和刨花板等胶合板材和胶黏剂、化纤地毯、油漆涂料等材料；苯污染的主要来源是合成纤维、塑料、燃料、橡胶以及其他合成材料等；氡污染的主要来源是花岗岩等天然石材；二甲苯的污染主要来自油漆、各种涂料的添加剂以及各种胶粘剂、防水材料等。在大量选用这些材料施工时，我们项目组除了查看合格证、检测证明、出厂报告外，还进行了抽样检测，检测合格方能使用，杜绝环境污染隐患。

洁净手术部都有严格的清洁制度、消毒隔离制度。墙面、吊顶材料应具备光滑、缝隙少、易清洁、易消毒、耐腐蚀、防湿、保温、隔音、防火、耐用、不产生和不吸附尘埃的功能特点；洁净走廊墙壁装饰装修材料要选择耐碰撞的材料，预防手术床、仪器、四轮小车撞坏墙壁。对于溧水区中医院的洁净走廊与洁净辅助房间的墙壁我们选用了无机预涂板。无机预涂板为A级不燃材料，绿色环保、防腐防蛀、防水防潮、隔音隔热、易切割加工、耐酸耐碱、耐擦易洗、抗菌、色彩持久、可修补。墙面具有良好的防腐、防霉、防菌性能，耐久、抗老化，具有良好的抗冲击能力。洁净走廊手术室地面采用PVC卷材或橡胶卷材，具有弹性、防滑、抗菌、抗酸碱腐蚀、保温、隔音、防火、撞击声小的功能特点。为了避免交叉感染，医护人员刷手消毒时禁止手接触水龙头，应选用感应式的水龙头。在进入手术室时，使用的电动推拉门应具有移动轻快、隔音、密闭、坚固耐用、自动延时关闭、防撞、停电后能手动的特点，窗应采用双层密闭窗。

色彩能够调节空间环境，影响人的心理。心理学上，颜色是一种感受；生理学上，颜色是眼部神经与脑细胞感应的联系。人的心理状态会反映他对颜色的感受，一般人对不协调的颜色组合都会产生眼部强烈的反应，颜色选择恰当、颜色组合协调能创造出美好的工作、居住环境。

对于洁净手术室的色彩一般都是以浅色为主。医院的色彩选择中一般都选择白色、浅蓝色、浅绿色、浅黄色，在色彩的搭配中，白色为主，混入少量的浅蓝色，给人以洁净的感觉，或者混入少量的绿色给人一种柔和的感觉。落实到具体的实际工程中需要结合洁净手术室的这个特殊的场合配色，结合三维效果图、工程照片、材料样品、给人以直观的感受去选择装饰材料的颜色，溧水区中医院洁净手术室效果如下图。

溧水区中医院洁净
手术室效果图

　　装饰材料施工工艺对工程具有重要的影响，尤其是装饰材料的施工工艺对空间的密封性能有着很大的影响。装饰材料无论是板材还是块材，材料之间的连接都需要密封，如吊顶材料采用铝扣板，而铝扣板与铝扣板之间需要密封；墙板采用电解钢板时也需要密封。除了装饰结构的固定，还需要对材料之间接缝进行密封。

　　洁净区地面材料一般都选用卷材，卷材与卷材之间进行焊接，并将墙角处做成弧形，这样就能保证地面易清洁。如果用其他材料，比如选用块材、片材，则不易处理，容易产生死角，达不到清洁效果。吊顶材料我们选用了铝扣板，是因为考虑到维修方便、美观实用的特点。

　　洁净手术中心装饰工程的造价约占整个净化工程的50%，所以对于装饰材料的选用和运用对降低造价有着很重要的作用。随着人工费的急剧增加、装饰工程量的加大以及对装饰工程质量的要求不断提高，为保证装饰工程的工作效率，装饰材料选用正向着成品化、安装标准化方向发展。在选用装饰材料时，要运用价值工程原理控制工程成本，选择价值系数低、降低成本潜力大的工程作为价值工程的对象，寻求对成本的有效降低途径，如洁净走廊与洁净辅助用房墙面的材料有着多种选择，如乳胶漆、瓷砖、岩棉彩钢板、无机预涂板、纤维树脂板。同时，这些材料选择时针对的墙体基层不一样。墙体基层有各种砖墙、混凝土墙、轻钢龙骨石膏板墙体等，所以在考虑造价时要综合考虑这些因素。如在选择电动门时除了品牌的选择，还有功能的选择，是选择双开的，还是选择单开的，这个就要针对房间的功能及具体位置进行分析，是否适合使用单门，如果使用了电动单开门，则整个电动门的造价降低不少。

　　装饰材料后期的维护是受到忽视的一环。在选用装饰材料时，对于洁净环境，应选择不易积尘且方便拆卸安装的装饰材料，这样有利于机电设备及管道的检修和维护，特别是对于吊顶内有设备、管线、空调管道的情况具有很大的意义。洁净手术中心内部墙体选择的材料都应为可拆卸、方便安装、表面易清理的材料；地面材料选择血渍不易渗入的地面装饰材料。

3 空气调节与空气净化

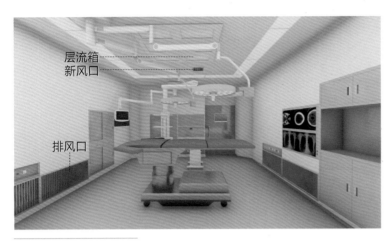

层流箱
新风口

排风口

洁净手术室末端效果图

　　平面规划是建设洁净手术室重要的基础，那么空气净化系统就是洁净手术室的核心。手术部一般是独立成区设置，设置在不易受污染、联系便捷的区域，洁净手术部设置是为了减少空气污染。这些是通过净化空调机组及机电设备调节内部环境，控制温度、相对湿度、细菌浓度、噪声、照度。

　　手术中心采用 10 台循环机组、2 台净化型新风机组，新风集中处理。OR03~OR07 为Ⅲ级手术室，送风口集中布置于手术台上方，使手术台及周边区位于洁净气流形成的主流区内，层流送风天花尺寸 2.6 m×1.4 m；OR01 采用层流送风天花尺寸为 2.6 m×2.4 m；OR02 层流送风天花尺寸 1.2 m×1.2 m。手术室送风天花内的高效过滤器平行于出风面满布。根据技术规范设置Ⅰ级手术室，分别采用了一拖一的循环机组，共 2 台；而对于Ⅲ级手术室一般考虑是两间手术室共用一台循环机组，但我们根据医院的指导思想，从以人为本的思想出发，Ⅰ级和Ⅱ级手术室都采用了一拖一的形式，设置了 5 台的循环机组，这样每间手术室运行时就不相互干扰。洁净区走廊及其辅房采用 3 台循环机组。其他 3 间手术室经过多方的论证讨论，从实际出发，出于对手术类型的考虑，OR08、OR09、OR10 手术室采用了新风系统加风机盘管的形式，做到了合适的就是最好的经济技术效果的设想。净化空调系统设有三级空气过滤器，一级设置在新风口，二级设置在系统的正压段，三级设置在送风末端。新风采用集中控制，采用新风机组对循环机组供应新风；空气处理过程做到科学、合理，在正常使用、正常维护的情况下手术区设备处在干燥的环境中，没有凝结水的出现，保证机组内不滋生细菌。

　　对于各手术室排风系统，采用了独立设置，内设止回装置、中效过滤器，出口设防水装置；排风风机选用低噪声型，出风口噪声不高于 50 dB，排风经中效 F7 过滤后排出。卫浴间、污物暂存间、腔镜清洗间等洁净辅房设置排风系统的地方均设置了排风系统，同时能做到维持室温。

四层手术部空调水系统采用四管制，夏季再热方式采用热水再热，冬季采用电极式加湿。

以上就是我们对于洁净手术中心设计规划。设计与施工时要结合手术室的特殊性、功能性特点，才能建造一个合格的、标准的绿色洁净手术中心。

4 视频漫游

（苏州净化工程安装有限公司　蒋乃军　陈　梅　朱桂兵）

苏州大学附属第一医院

第五章
血液层流病房

项目概况

本项目位于苏州大学附属第一医院新血液病中心大楼，包括地上三层地下一层，建筑面积 5 300 m²。其中地上三层为血液病中心，地下一层为洁净空调机房。第一层和第二层设计为血液病层流病房区，每层设计层流血液病房 18 间，两层共 36 间。第三层设计为洁净辅助用房区域及血液病中心办公区。第三层还设置有实验室区域。血液洁净病房是隔离及治疗免疫力低下及白血病、淋巴瘤等肿瘤化疗患者的特殊病房。

1　平面布局

1.1　流线分析

完善合理的平面布局对层流洁净血液病房设计成功起着关键性作用，同时是设计人员需要考虑的第一步。平面设计方案应包括层流洁净血液病房需要的所有功能用房，要做到病房区域选择合理、房间大小适度、功能用房齐全；其次，要达到流程通畅合理，做到洁污分流，使医护人员流线、病人流线、无菌物品流线、污物流线相互独立，互不交叉。

本院血液病房采用双通道形式，医护人员、患者、洁净物品走洁净通道，污物等物品经传递窗由探视廊送出。洁净区与非洁净区间严格区分。洁净物品、污物各行其道，避免洁净物品被污染物品所污染，具体流程分为：

医护流线：医护专用梯→换鞋、更衣→洁净区

患者流线：洁梯→通过药浴表体消毒→洁净走廊→进入各病房

污物流线：病人排泄物：病房→送至专用处理间处理

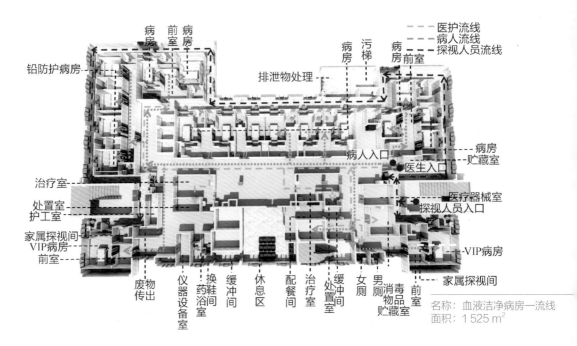

名称：血液洁净病房—流线
面积：1 525 m²

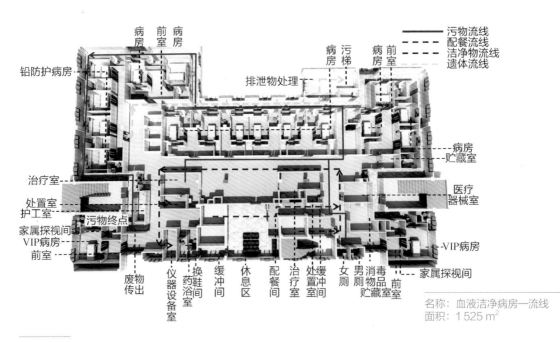

名称：血液洁净病房—流线
面积：1 525 m²

流线图

生活污物：探视廊收集→传递窗→污物暂存间打包→污梯

医疗废物：探视廊收集→处置室→废物传出间→传递窗→污物暂存间打包→污梯

探视人员流线：楼梯→探视廊→各病房

配餐流线：前厅→配餐间→缓冲间→洁净走廊→送入病房

洁净物流线：洁梯→洁净走廊→处置室、仪器设备间

遗体流线：病房→污梯

1.2　房间布局

平面布局的重要原则是功能流程合理，洁污流线分明，有利于减少交叉感染，有效地组织空气净化系统，满足洁净质量。根据洁净区的特点，百级的血液病房设置在洁净区的外环部分，每间都可以有自然光线，病房前室为千级，卫生间为万级同时设置全排风。洁净走廊及其他洁净辅助房间根据级别从高到低依次从洁净区最内侧向外排列。

根据本院实际情况及相关要求，在一层设置 18 间百级层流血液病房（1~18 号），二层设置 18 间百级层流血液病房（19~36 号），其中 1 号、18 号，19 号和 36 号为 VIP 血液病房。另外设置 8 间防辐射病房，包括一层 14~17 号和二层 32~35 号。三层设计为洁净血液病房的医护人员入口，同时还有实验室以及其他办公用房。

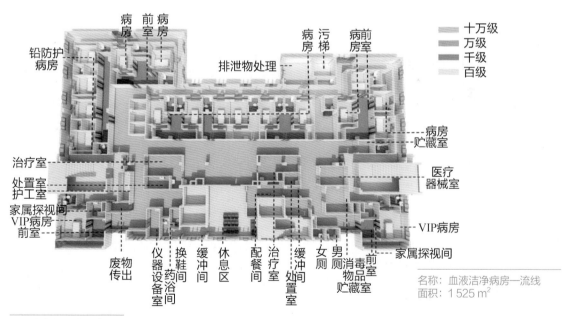

名称：血液洁净病房一流线
面积：1525 m²

百级病房的缓冲设计

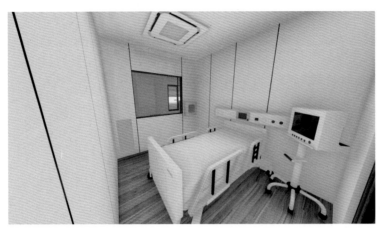

血液病房立面效果图

　　因血液病患者几乎完全失去对疾病的抵抗力，所以血液病房必须达到百级层流的要求，保证病房处于洁净度和细菌浓度控制在规定范围内。VIP 病房设有家属更衣准备间，方便特殊患者需要家属陪伴以及作为临终关怀病房，体现本院以人为本的原则。防辐射病房供服用放射性药物治疗的患者使用，需要进行辐射防护安全设计。

VIP 病房效果图

家属更衣准备间

　　药浴室是血液洁净病房的特色房间，白血病患者入住层流病房前要在药浴室内进行药浴，清除和杀灭病人体表皮肤、毛发、指甲中的细菌。

药浴室

❷ 洁净空调系统

　　层流病房是通过空气净化设备保持室内无菌的病房，装有改变空气环境洁净度的设备。

　　洁净空调系统使整个洁净血液病中心处于受控状态，既能保证洁净血液病中心整体控制，又能使各个血液病房灵活使用。每间血液病房和病房卫生间采用一套独立的送风系统，每层病房前室采用一套独立的送风系统，每层洁净辅房采用一套独立的送风系统。新风一共设置4台洁净新风机组，分别负责一层洁净病房、二层洁净病房和辅助用房，另外有1台给一、二层洁净病房做备用。

　　血液病房的新风经过表冷、初中效、亚高效过滤器等功能段后与循环风汇合，然后送入病房顶部静压箱，经由满布的层流送风天花送入血液病房。回风进入侧墙的下回风口，经过回风管回到循环机组。部分回风会统一排放。血液病房一共设置36套独立系统。

　　前室的新风经过表冷、初中效、亚高效过滤器等功能段后与循环风汇合，然后送入前室顶部的高效过滤送风口，回风由侧墙下回风口进入回风管，回到循环机组。部分回风会统一排放。辅房一共设置3套独立系统，1~3层各一套。

　　洁净空调机房位于大楼地下一层，冷热源由大楼统一引入。系统采用四管制，全年院方供给冷热水，冷水温度7~12℃，热水温度60~50℃。蒸汽送至机房，蒸汽压力0.1~0.2 MPa。

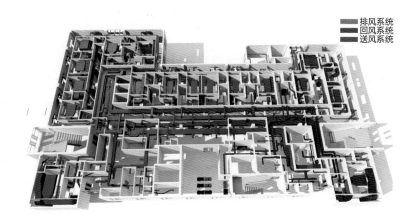

　　排风系统
　　回风系统
　　送风系统

血液洁净病房机电图

❸ 视频漫游

（苏州大学附属第一医院　王　斐）

东南大学附属中大医院实景图

第六章
血液净化中心

项目概况

东南大学附属中大医院始建于 1935 年，其前身为中央大学医学院附设医院，历经第五军医大学附属医院，解放军 84 医院及南京铁道医学院附属医院等几个重要历史阶段。经过 80 多年的发展，现已成为集医疗、教学、科研为一体的大型综合性教学医院，是江苏省唯一教育部直属"双一流""985""211"工程重点建设的大学附属医院，也是江苏省首批通过卫生部评审的综合性三级甲等医院。

东南大学附属中大医院血液净化中心成立于 1989 年，经过数十年的发展，规模越来越大，1998 年与英国卡迪夫大学肾脏病研究所结为国际肾病学会首批肾脏病姐妹中心，2004 年被评为江苏省省级临床重点专科和国家临床药理学试验专业科室，2007 年成为国际肾病学会首批优秀肾脏病姐妹中心，2011 年被评为江苏省医学重点学科，2013 年成为卫生部指定全国县级医院血液净化培训基地，2014 年成为江苏省肾脏病临床研究中心，2016 年成为中国医促会首批全国血液透析示范培训基地，是东南大学博士学位授予点和博士后流动站，国内著名的肾脏病临床诊治、教学和科研中心。本中心设有血液透析床 100 张，治疗区域宽敞明亮，布局合理，设施先进，是国内设施一流的超大型透析中心。

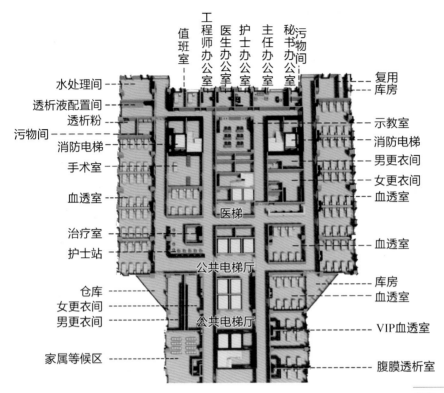

值班室
工程师办公室
医生办公室
护士办公室
主任办公室
秘书办公室
污物间

水处理间
透析液配置间
透析粉
污物间
消防电梯
手术室
血透室
治疗室
护士站
仓库
女更衣间
男更衣间
家属等候区

复用库房
示教室
消防电梯
男更衣间
女更衣间
血透室
血透室
库房
血透室
VIP血透室
腹膜透析室

医梯
公共电梯厅
公共电梯厅

名称：血液净化中心
面积：3 000 m²

平面布局图

① 平面、流线及装饰布局

1.1 布局

血液净化中心各功能区域布局合理、功能分区明确，标识清楚，洁污分流。按照功能可分为透析工作区域和透析辅助区域。

透析工作区域包括患者接诊区、治疗准备室及透析治疗区等。透析治疗区域分普通透析区和隔离透析区，隔离透析区包括一个丙肝病人区和一个乙肝病人区，隔离区相对独立，同时护理人员相对固定，减少了患者交叉感染的机会。本中心设有规范的专用手术室，可以供各型血管通路手术使用。

每个透析治疗区设有7~8台透析机，床间距大于0.8 m，能够满足感控需要。

透析辅助区域包括患者候诊区、水处理区、浓缩液配制区、库房、医护办公室、工程师办公室、工作人员更衣间和生活区、污物处理区等。

护士站

1.2　流线

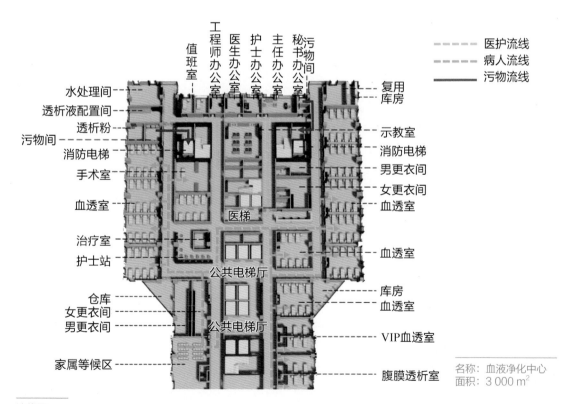

流线图

名称：血液净化中心
面积：3 000 m²

　　血液净化中心的工作人员与患者通道分开，工作人员从医梯进入血透室，病人从公共电梯经过候诊区域进入血透室。通过门禁管理来落实透析中途的探视制度和两班之间的清场管理制度。病人通过公共电梯先到达候诊区域，经病人更衣间更换衣服后进入接诊区域（正常情况下，这是唯一通道），在接诊区域完成体重评估和透析医嘱的开立，结束后病人进入透析治疗区。

透析用物品运送流程：透析耗材由库房运送至清洁库房，由治疗护士根据透析方案选择并发放透析器及管路至透析治疗区域。透析器及管路均为一次性使用医疗器械，透析结束后放置于医疗垃圾桶内密闭转运至污物电梯。

透析药品运送流程：透析中治疗用物经治疗护士准备好以后分发至治疗区域，未使用完的药品不得再次回到治疗室。

1.3 功能分区

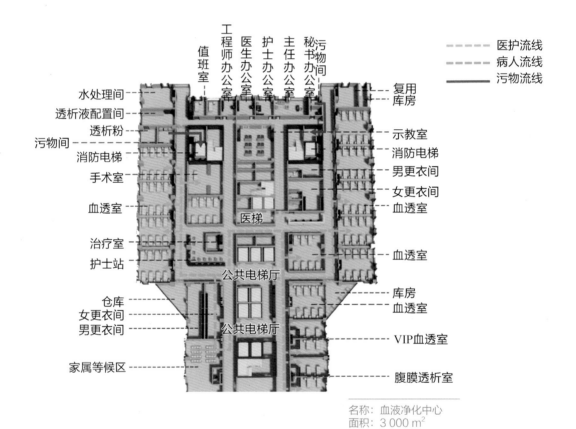

名称：血液净化中心
面积：3 000 m²

功能分区图

1.3.1 患者候诊区

患者候诊区位于透析室东南角，采光良好，不拥挤、舒适。候诊区设有男女病人更衣室、病人洗手间、配餐区、休息区。候诊区安装多媒体设备，为病人健康教育提供方便。

1.3.2　接诊区

接诊区连接护士站，设有体重秤和电脑，病人上下机测量体重时体重秤上的数据自动采集并传输到血透信息管理系统里面。病人上机前刷卡，上机后系统自动打印病人体重信息，医生评估后开立透析医嘱。

1.3.3　透析治疗区

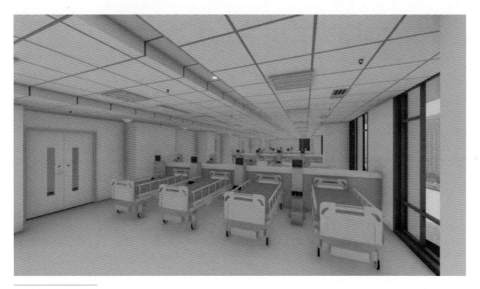

透析间效果图

（1）透析治疗区位于血透室左右两侧，东西朝向，光线充足、通风良好。透析治疗室地面使用防水、防酸碱材料，并设置地漏。

（2）每个透析治疗区设置7~8个透析单元。一个透析单元包括一台透析机、一张透析床、供氧装置、中心负压接口、强弱电和进排水系统。血液透析床间距不小于1.0 m，实际占地面积大于 3.2 m^2。

（3）各透析治疗区设有护士工作台，有连接血透信息管理系统的终端设备，护士可以在治疗区内记录护理工作内容，方便护士观察。

（4）每个透析治疗区配置手卫生设施，包括感应式水龙头洗手池、洗手液、干手物品、速干手消毒剂及手套等，手卫生设施的位置及数量满足工作需求。

（5）透析治疗区设置普通透析治疗区和隔离透析治疗区。满足乙型肝炎病毒、丙型肝炎病毒病人治疗需求。此外中心设有独立的隔离透析单间，供可能飞沫传播或者需要空气隔离的病人使用，如透析伴结核病病人。

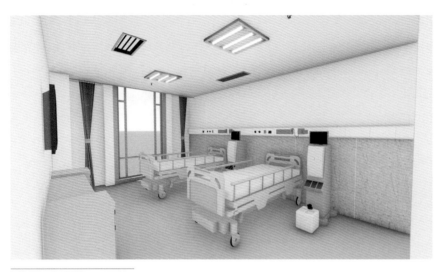

隔离透析治疗间效果图

1.3.4　治疗准备室

（1）　用于配制透析过程中需要使用的药品，如促红细胞生成素、肝素生理盐水、鱼精蛋白、抗菌药物等。

（2）　储存备用的消毒物品，如缝合包、静脉切开包、置管包及血透相关物品等。

治疗准备室效果图

1.3.5　专用手术操作室

（1）　专用手术室管理同医院普通手术室要求。

（2）　可进行自体动静脉内瘘成形术或移植物内瘘成形术、长期和临时导管植入术等。

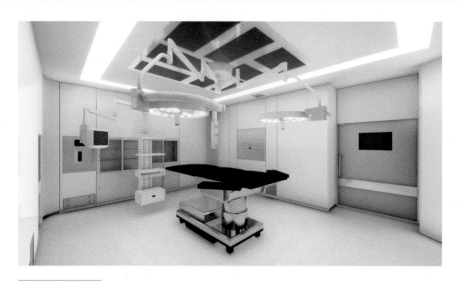

手术室效果图

1.3.6 水处理间

（1）水处理间面积为水处理装置占地面积的 1.5 倍以上；地面进行防水处理并设置地漏、水槽。

（2）水处理间需要避免日光直接照射，窗户装有遮阳窗帘，室内设有空调，并维持合适的温度和湿度，有良好的通风条件。

（3）水处理装置的自来水供给量应满足要求，入口处安装压力表，压力应符合设备要求。

水处理间   水处理间

1.3.7 库房

库房应符合《医院消毒卫生标准》（GB 15982—2012）中规定的 3 类环境，分别设置干性物品库房和湿性物品库房。干性物品库房存放透析器、管路、穿刺针等耗材；湿性物品库房存放浓缩透析液、消毒液等。不同的物品必须分开存放。进入透析治疗区的所有物品不得再返回库房。

1.3.8　污物间

污物间按照《医疗机构内通用医疗服务场所的命名》（WS/T 527—2016）规范要求，分类收集、中转存放辖区的污染物品，包括使用后的医用织物、医疗废物、生活垃圾等以及清洗、存放保洁物品。配备污车（袋）、保洁车及保洁物品和水池。

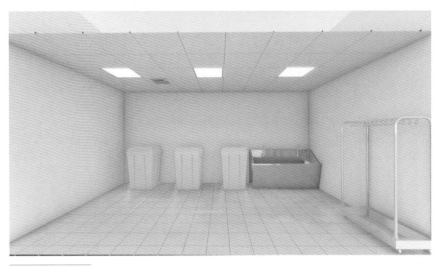

污物间效果图

1.3.9　医务人员办公及生活区

医护办公区配置满足全国血液透析患者病例信息登记系统（CNRDS）及血液透析室信息化管理等需求的信息化设备，具备能够上网的电脑及相应设备。办公区应设有示教室用于教学、视频会议、远程会诊等。生活区应设置员工用餐间和卫生间等。

办公室效果图

2 视频漫游

（东南大学附属中大医院　李文艺　张留平）

江苏省人民医院内镜中心路线图

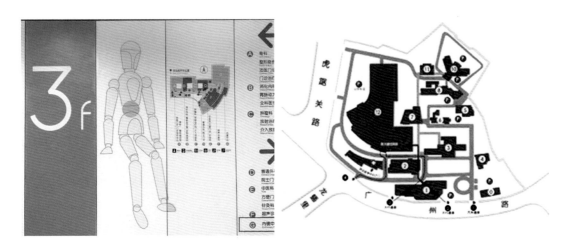

第七章
内镜中心

项目概况

　　江苏省人民医院新内镜中心于 2017 年 11 月 06 日正式启用，目前涵盖胃肠镜、气管镜和胆道镜三个部分，占地面积 4 500 m²，是目前亚洲较大的软式内镜中心之一。拥有诊疗间 20 个，内有两间 ERCP（内窥镜逆行性胰胆管造影术，endoscopic retrograde cholangiopancrea tography）手术室，两间双镜联合手术室，两个清洗消毒区。有各种类型内镜主机 18 台、内镜清洗消毒槽 6 台，全自动内镜清洗消毒机 12 台，各种类型软式内镜 140 杆，可开展 ESD（内镜黏膜下剥离术，endoscopic submucosal dissection）、ERCP、EUS 引导下的治疗等各种内镜下的治疗和手术，日诊疗量达 350 余人次。

1 平面、流线及装饰布局

1.1 平面设计

　　江苏省人民医院新建内镜中心位于 12 号楼三层 7 区，整体大楼的结构形式为框剪（筒体）结构。因为没有可参照学习的已完项目，所以我们建设单位和设计单位只能尽量通过合理规划各功能用房布局来满足各方的需求。

　　本项目内镜中心可分为五个区域，以诊疗操作间为中心。

　　医院预约候诊区：主要有预约区、一次候诊大厅、二次候诊大厅、无痛诊疗静脉穿刺区等。

　　复苏区：分为两个复苏区。

　　清洗消毒区：分为两个区域。

　　诊疗区：包括支气管镜诊疗、胃肠镜诊疗、超声内镜诊疗、ERCP 室及双镜联合室

　　生活及辅助区：主要是科室人员生活区有男女更衣卫浴间、男女值班室、办公室、资料室、学习会议室等。

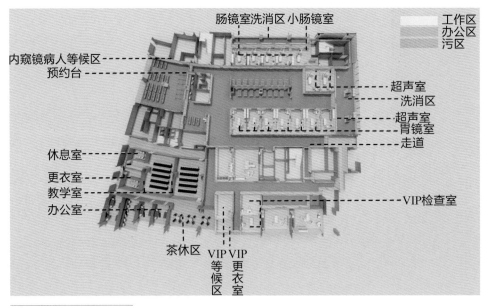

名称：内镜中心功能图
面积：2 265 m²

1.2　流线规划

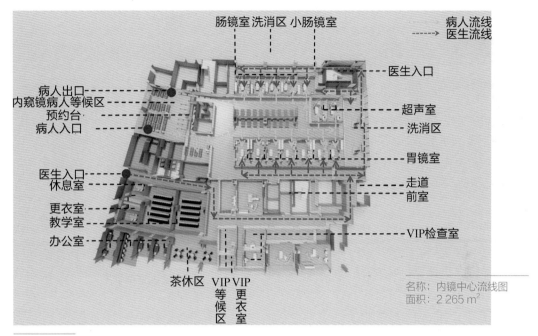

肠镜室 洗消区 小肠镜室

病人流线
医生流线

病人出口
内窥镜病人等候区
预约台
病人入口

医生入口
休息室

更衣室
教学室

办公室

茶休区　VIP等候区　VIP更衣室

医生入口

超声室

洗消区

胃镜室

走道
前室

VIP检查室

名称：内镜中心流线图
面积：2 265 m²

人员流线

人员流线：入口—候诊室—诊疗室—复苏室—出口离开，要设置清楚的指示牌。

1.3　预约及候诊区域

　　根据检查人数设置预约窗口数，根据诊疗流程设置一次候诊区和二次候诊区，候诊区域大小及候诊椅的数目根据检查人数、陪同家属人数、诊疗前后滞留时间长短设置，配置电子显示屏，显示患者等候顺序，并循环播放内镜诊疗相关健康宣教，缓解患者等待中的焦虑情绪。

出口

一次候诊

预约大厅

二次候诊区

1.4 医疗装饰

1.4.1 装饰材料的选用

《综合医院建设标准》（2018年版）中规定：综合医院的室内装修和设施，应符合下列规定：

（1）应选用坚固、环保、安全的材料，不应使用易产生粉尘、微粒、纤维性物质的材料和有尖锐棱角的家具。

（2）室内顶棚应便于清扫、防积尘，易维修。

（3）内墙墙体不应使用易裂、易燃、易吸潮、易腐蚀、不耐碰撞、不易吊挂的材料；有推床（车）通过的门和墙面，应采取防碰撞措施。

（4）地面应选用防滑、易清洗的材料。

（5）厕所卫生洁具、洗涤池应采用耐腐蚀、耐沾污、易清洁的建筑配件，洗手池和便器宜采用非手动开关。男女卫生间的便器设置比例应小于或等于1：2。门诊区域应设置医务人员专用卫生间。

（6）检查、治疗用房应满足使用人群的隐私要求，注意开门方向，宜设闭门器。房间内宜设置隔帘或屏风。

本项目工作区顶面选用的是负离子生态板吊顶，主要考虑到该材料是用负离子催生材料融入板材生产粘胶中生产的生态板。负离子催生材料能在自然条件下持续释放负氧离子，并且负离子能中和尘埃物质使其沉降，起到净化空气的作用，另外还有净醛、抗菌等作用。候诊、复苏区域、ERCP室、双镜联合及ESD室地面材质选用的是进口橡胶块材地板，其他诊疗室地面是进口PVC卷材，可有效耐磨防滑并具有优良的抑菌性能。墙面选用的是易于清洁的背衬瓦楞钢板。其中ERCP室墙面及地面均采取铅防护。

1.4.2 BIM 技术辅助选型及效果展示

在向内镜中心科室展示内部装饰的 BIM 时，科室考虑到实际使用时的操作流程，对内镜中心运行核心设备的位置提出了诸多建议，为内镜中心投入运行后工作人员的工作效率提供了强力的支持。

内镜中心最终效果图：

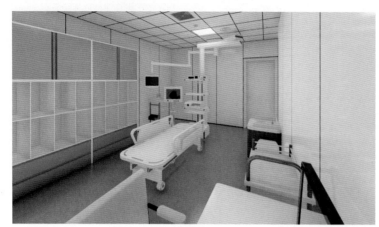

普通诊疗室

ERCP 室

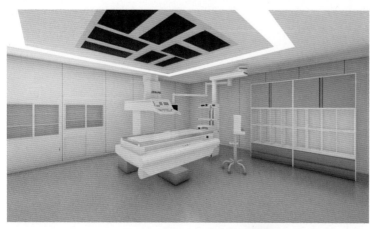

ERCP 室

装饰方案通过 BIM 技术的展现，经过调整后，最终得到了科室的认可，施工单位也依照 BIM 模型进行施工。

双镜联合房间

1.5 医疗机电设备

1.5.1 设备带与吊塔

根据本项目设计图纸，内镜中心的中央气体和电源插座采用医疗设备带与医疗吊塔相结合的方式。复苏区域采用医疗设备带，诊疗区域全部选用医疗吊塔。

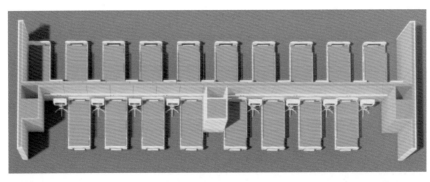

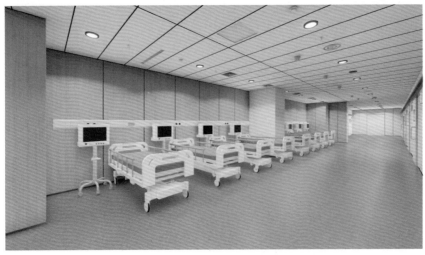

复苏区域医疗设备带

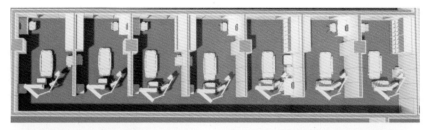

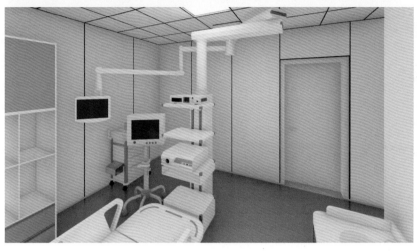

诊疗区域吊塔

1.5.2 清洗消毒室

　　根据《软式内镜清洗消毒技术规范》（WS 507—2016）要求，清洗消毒室需独立设置，保持通风良好。如采用机械通风，宜采取"上送下排"方式，换气次数宜大于每小时 10 次，最小新风量宜达到每小时 2 次。清洗消毒流程应做到由污到洁，应将操作规程以文字或图片方式在清洗消毒室适当的位置张贴。不同系统（如呼吸、消化系统）软式内镜的清洗槽、内镜自动清洗消毒机应分开设置和使用。

清洗消毒区

1.5.3 医疗机电设备的基本配置

根据《软式内镜清洗消毒技术规范》（WS 507—2016）要求，诊疗室内的每个诊疗单位面积原则上不小于 20 m²，以诊疗床可 360° 自由旋转为宜，设施应包括诊查床 1 张、主机（含显示器）、吸引器、治疗车等。灭菌内镜的诊疗环境至少应达到非洁净手术室的要求。应配备手卫生装置，采用非手触式水龙头。

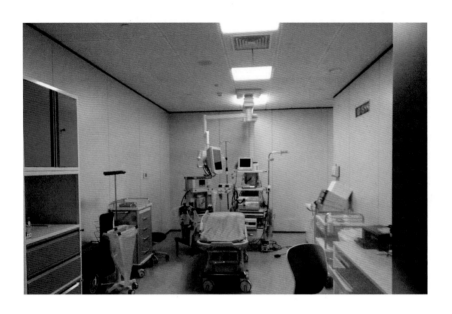

1.5.4 内镜存储

根据《软式内镜清洗消毒技术规范》（WS 507—2016）要求，内镜储存库内表面应光滑、无缝隙，便于清洁和消毒，与附件储存库（柜）应通风良好，保持干燥。

2 视频漫游

参考文献

[1] GB 51039—2014 综合医院建筑设计规范 ［S］.

[2] GB 15982—2012 医院消毒卫生标准 ［S］.

[3] GB 50333—2002 医院洁净手术部建筑技术规范 ［S］.

[4] WS 507—2016 软式内镜清洗消毒技术规范 ［S］.

[5] 李兆申，吴仁培.现代消化内镜中心设计与管理规范 ［M］.上海：上海科学技术出版社，2013.

（江苏省人民医院　丁　静）

南京市溧水区人民医院

第八章
DSA 手术室

DSA 又称数字减影血管造影，是一种新的 X 射线成像系统，其成像的基本原理为：将受检部位没有注入造影剂和注入造影剂后的血管 X 线荧光图像，分别经影像增强增益后，再用高分辨率的电视摄像管扫描，将图像分割成许多的小方格，做成矩阵化，形成由小方格中的像素所组成的视频图像，经对数增幅和模数转换为不同数值的数字，形成数字图像并分别储存起来，然后输入电子计算机处理，图像经过处理后获得了去除骨骼、肌肉和其他软组织，只留下单纯血管影像的减影图像，再通过显示器显示出来。

DSA 检查称为血管造影检查，属于临床上常用的一种介入检查手段，多用于心血管疾病、脑血管疾病以及神经系统的检查和治疗。DSA 手术室就是利用 DSA 技术做检查和治疗的手术室。

项目概况

南京市溧水区人民医院 DSA 手术部位于其病房楼四层的东部，建筑面积 1 380 m^2。一期工程建有两间 DSA 手术室，包括配套的办公辅房、办公走廊和净化辅房和净化走廊，手术室净化等级为Ⅲ级，配套的洁净辅房、洁净内走廊、污物走廊净化等级为Ⅳ级。

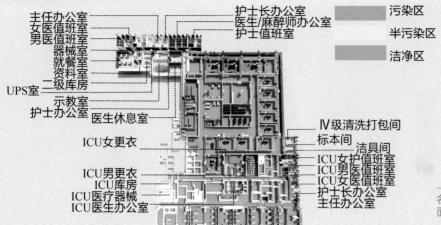

主任办公室
女医值班室
男医值班室
器械室
就餐室
资料室
UPS室 二级库房
示教室
护士办公室 医生休息室

护士长办公室
医生/麻醉师办公室
护士值班室

污染区
半污染区
洁净区

IV级清洗打包间
标本间
洁具间
ICU女护值班室
ICU男医值班室
ICU女医值班室
护士长办公室
主任办公室

ICU女更衣

ICU男更衣
ICU库房
ICU医疗器械
ICU医生办公室

名称：DSA 手术室一分区
面积：4 600 m²

半污染区标注

DSA 手术室半污染区平面标注图

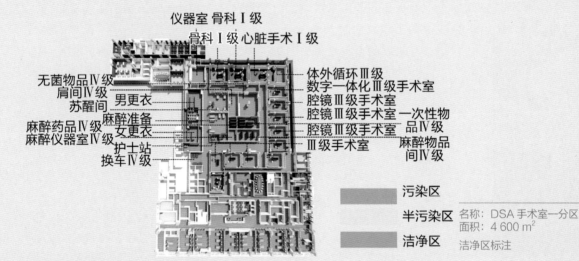

仪器室 骨科 I 级
骨科 I 级 心脏手术 I 级

无菌物品IV级
肩间IV级
苏醒间 男更衣
麻醉药品IV级 麻醉准备
麻醉仪器室IV级 女更衣
护士站
换车IV级

体外循环III级
数字一体化III级手术室
腔镜III级手术室
腔镜III级手术室 一次性物
腔镜III级手术室 品IV级
III级手术室 麻醉物品
间IV级

污染区
半污染区
洁净区

名称：DSA 手术室一分区
面积：4 600 m²

洁净区标注

DSA 手术室洁净区平面标注图

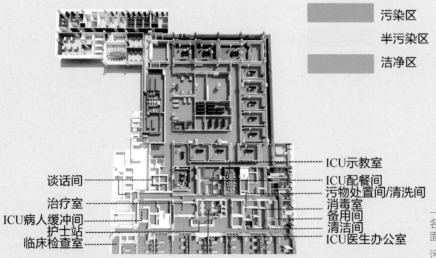

污染区
半污染区
洁净区

ICU示教室

谈话间
治疗室
ICU病人缓冲间
护士站
临床检查室

ICU配餐间
污物处置间/清洗间
消毒室
备用间
清洁间
ICU医生办公室

名称：DSA 手术室一分区
面积：4 600 m²

污染区标注

DSA 手术室污染区平面标注图

1 DSA 手术室相关设计规范及标准

DSA 手术室是一种复合功能的特殊手术室，因此其设计既要符合《医院洁净手术部建筑技术规范》（GB 50333—2013）的要求，又要符合特殊设备厂家的具体要求。

1.1 DSA 手术室满足设备需求的特殊设计

DSA 手术室属于特种功能手术室，在手术室内要放置大型的 DSA 设备，因此为保证其正常工作，手术室的场地应首先满足其设备配置要求。具体有以下特点：

（1）DSA 手术室的基本平面配置包括医护病人走廊、手术室、控制室、设备间、污物走廊，病人一般从医护病人走廊进入手术室，因此这侧的门一般设置成电动门。手术室有和污物走廊相通的门，在手术完成后，用于运送污物。

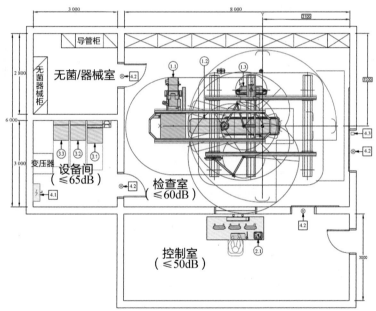

DSA 手术室平面配置图

（2）但 DSA 手术室和普通手术室不同，要设置一个控制室和一个设备间。控制室是用于数字图像观察的，因此控制室和手术室之间要设置大型观察窗，并且在控制室和手术室之间设一道电动门，便于医护人员进出，观察病人情况。一般控制室需要考虑净化。设备间是用于存放 DSA 设备的配电柜等设备的，设备间不用考虑净化要求，但由于设备间电柜的功率很大，发热量很多，需要为其配置专用的全年制冷的空调设备，以便为其降温。

（3）目前市场上的 DSA 设备一般均为西门子、飞利浦或 GE 这三家公司的产品：
由于产品的不同，其对手术室的要求也不同，必须根据设备厂家的具体要求来进行针对性设计。在南京市溧水区人民医院，我们配套的 DSA 设备是荷兰飞利浦公司的产品。

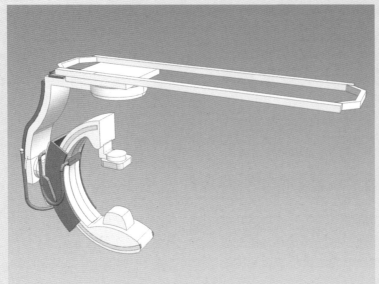

DSA 手术室——C 臂

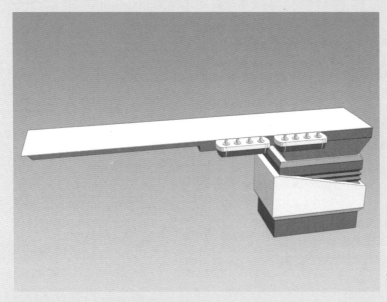

DSA 手术室——手术台

控制室实景图

（4）一般 DSA 设备厂家会在以下几个方面提出配合要求：

A. 地面要求

① 基础要求：设备基础须按厂家提供的现场准备要求图的要求完成，基础的深度建议为 500 mm，基础用不低于 C25 的细石混凝土现场一次浇筑成型，表面原浆压光。

② 设备预埋铁的埋设、固定。

③ 电缆沟的预设：在设备间到手术室的中心、从手术床的中心到控制室地面上要预埋 20 cm 宽、10 cm 高的不锈钢线缆槽，并可以设不锈钢盖板。如无法预埋不锈钢桥架，则要考虑在楼板上打洞，在下层吊顶内敷设线缆桥架，也可以接受。

④ 地面要水平，区域内最高点到最低点高度差不超过 4 mm。

DSA 手术室效果图

B. 天花要求

由于荷兰飞利浦公司的产品是将 C 臂机悬吊布置在吊顶上的，因此在吊顶上要预设相应的固定钢梁，以便安装其设备吊装的导轨。一般导轨的宽度为 200 mm，中间两组导轨之间的间距在 1 000 mm 左右，而且两侧还有吊顶显示器底座和铅屏底座，因此该手术室要做净化，则送风天花要分隔成三个部分来安装，中间一组送风箱宽度为 800 mm，两侧的送风宽度均为 600~700 mm。

送风箱的安装要避开其导轨，并且在吊顶设备运动的空间内不能有突出吊顶平面的其他设备，包括灯带。

一般 DSA 设备吊顶支架的安装精度要求很高，吊顶支架的强度和刚度也有严格的要求，须由经过专业厂家认证过的单位来施工，方能通过设备厂家调试工程师的验收，否则有返工的可能。

C. 吊顶高度要求

不同设备厂家的产品，对吊顶高度的要求不同，本项目选用的飞利浦设备，其手术室的吊顶高度要求为 2.9 m。

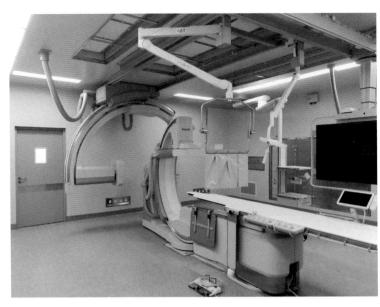

DSA 手术室实景图

D. 电源要求

DSA 设备对电源要求很高，并且瞬时电流很大，因此设备配电容量很大，具体要根据设备的要求而定。但其电源必须是独立从配电间专门拉来的电源，不能和其他设备合用电源。

同时还要根据厂家的要求配置现场控制箱。

E. 接地要求

该 DSA 医疗设备的接地要求高于其他普通电气设备，施工单位必须确保一切安装设备厂家的要求和相应的规范执行，为设备提供安全可靠的接地系统。

F. 射线防护要求

根据设备厂家的要求，DSA 手术室的墙面、门体、观察窗要具备 X 射线防护功能，一般手术室要做六面防护，四面墙面用铅板做防护，地面用硫酸钡水泥做防护，顶面可以在上层楼板的地面做防护也可以在楼板顶面敷设铅板做防护，其防护等级应不低于 3 mm 铅当量。

在手术室的自动门上方要设置 X 射线警示灯，当手术室处于工作状态时，射线警示灯要亮起；反之，手术室停用，射线警示灯才能关闭。

G. 环境要求

手术室、控制室、检查室要实现恒温恒湿，特别是设备间散热量大，要配置全年制冷的空调设备。

H. 房间面积的大小设置

由于 DSA 设备属于大型设备，安装这种设备的手术室面积要够大，才能保证工作人员的工作空间宽敞，一般 DSA 手术室的面积至少在 50 m^2 以上。

I. 照度要求

手术室内照度要达到 500 lx，控制室内照度要达到 300 lx。

J. 电磁干扰

所有设备所在的静磁场环境必须小于 0.5 mT。

K. 网络要求

设备计算机系统采用 DICOM 格式输出图像，支持 TCP/IP 网络协议，应使用 RJ45 高速以太网。

1.2　DSA 手术室的洁净设计要求

DSA 手术是要通过人体股动脉和桡动脉穿刺，插入导管进行手术，手术部位一般位于心脏和脑部，因此手术环境要考虑净化，本次手术室设计净化等级为Ⅲ级标准。

手术室中间设送风天花，根据设备安装的要求，送风天花分割成三个箱体，手术室中间箱体的尺寸为 2 600 mm×800 mm×520 mm（长 × 宽 × 高），两侧的箱体尺寸为 2 600 mm×600 mm×520 mm（长 × 宽 × 高），为了方便高效过滤器的安装、更换，一般采用平铺式送风天花。

手术床两侧各设两个中效回风口，手术床头部位置设中效排风口。

2　本项目相关设计特点

本项目 DSA 手术部平面流线按外周回收型设计，实现洁污分流、流线短捷、合理高效、便于疏散的总原则。手术部医护人员、病人、洁净物品、污物的流线如下：

2.1　手术部医护人员的流线

医护人员通过卫生通过区进入办公走廊，然后到相应办公室；手术医护人员则通过办公区和洁净区之间的缓冲间进入洁净走廊，然后到各手术室进行手术，做完手术后原路退出手术室。

2.2　手术部病人流线

病人通过中央电梯厅到达手术部，按病人情况不同，一部分手术病人是通过缓冲间用推车推入手术部，然后到各手术室做手术，做完手术后，一部分生命体征未恢复正常的病人需在"恢复室"进行恢复，直到生命体征恢复正常后离开手术部；一部分生命体征已经恢复正常的病人则直接通过缓冲间离开手术部。

还有一部分检查病人，可以行走，则通过专用病人更衣室更衣，再进入"缓冲"间，然后到各手术室做检查，检查完成后自行通过缓冲间离开手术部。

2.3 手术部洁净物品流线

手术部的洁净物品一部分通过中央电梯厅进入手术部入口处的"缓冲"间，然后到达洁净走廊，并送到各无菌辅房。还有一部分洁净物品可以通过轨道小车系统输送到手术部轨道小车站点，然后再送到各洁净辅房。

2.4 污物的流程

手术后的污物，在手术室就地打包处理后，经手术室污物门到达污物走廊，然后再输送到清洗间和污洗间进行处理，然后一部分集中通过污梯输送到医院中心供应室，一部分通过污梯集中送至医院专门的医疗垃圾收集处，集中处理污物。

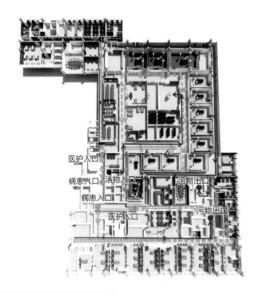

- ● 病患入口
- --→ 病患流线
- ● 医护入口
- --→ 医护流线
- ● 污物出口
- → 污物流线
- ● 洁物入口
- → 洁物流线

名称：DSA 手术室
面积：4 600 m²

DSA 手术室流线图

本项目手术室设计净化等级为Ⅲ级，洁净辅房和洁净走廊设计净化等级为Ⅳ级，污物走廊没有设计净化，采用风机盘管 + 新风进行处理。

③ 本项目主要设备及材料

本项目手术室墙面、顶面采用方管龙骨 +12 mm 厚石膏板 +1.2 mm 电解钢板静电喷塑成型，墙板和墙板、墙板和顶板、墙板和地面之间采用圆弧过渡，板材和板材之间采用耐火胶进行打胶处理。

手术室地面采用橡胶地面，地材上墙 10 cm，做踢脚线，上墙部分的墙面和地面之间形成ϕ40 mm 以上的圆弧过渡。

手术室射线防护采用 3 mm 铅板敷设到顶，地面防护采用 40 mm 厚硫酸钡水泥进行处理，顶面防护在上层楼面上用 40 mm 硫酸钡水泥进行处理。

其他洁净走廊和洁净辅房的墙面采用轻钢龙骨隔墙 + 双面硅酸钙板 +6 mm 预涂板面层，龙骨内填充 100 kg/m³ 的岩棉一直到楼板底。

OR1 Ⅲ 级 DSA 手术室、OR2 Ⅲ 级 DSA 手术室各采用一台净化循环处理机组进行处理。

洁净走廊、其他净化辅房采用一台净化循环机组进行处理。

DSA 手术室设一台集中新风机组集中供应新风。

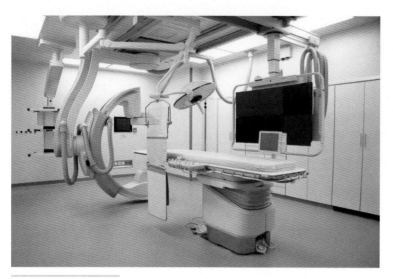

DSA 手术室实景图

4 视频漫游

(　　金陵药业股份有限公司　韩培钢)
(江苏永信医疗科技有限公司技术中心)

东南大学附属中大医院江北院区

第九章
急诊中心

项目概况

　　东南大学附属中大医院江北院区急诊部设计使用面积 5 442 m²，设有急诊门诊、抢救室、急诊检查室、"120"中心等。

　　急诊是医院的前哨，它构筑了反应迅速、上下联动、工作高效的绿色生命通道，为人民群众的身体健康和生命安全，提供了坚强有力的医疗保障。医院对急诊工作高度重视，对新组建的急诊科重新布局、规范流程，科内配置多参数监护仪、监护除颤仪、心电图机、呼吸机、自动血压监测仪、全自动洗胃机、超声雾化机、管道中心供氧、负压吸引系统、电动吸引器、超声波诊断仪等先进的抢救和诊断设备。

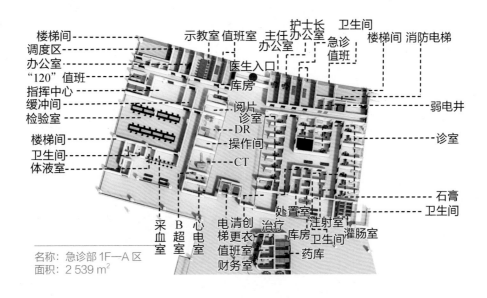

名称：急诊部 1F—A 区
面积：2 539 m²

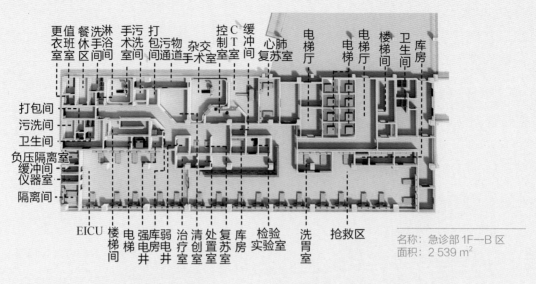

更衣室 值班室 餐休区 洗手间 淋浴间 手术室 污洗间 打包间 污物通道 杂交手术室 控制室 CT室 缓冲间 心肺复苏室 电梯厅 电梯 电梯厅 楼梯间 卫生间 库房

打包间
污洗间
卫生间
负压隔离室
缓冲间
仪器室
隔离间

EICU 楼梯间 电梯 强电房 库房 弱电井 治疗室 清创室 处置室 复苏室 库房 检验实验室 洗胃室 抢救区

名称：急诊部 1F—B 区
面积：2 539 m²

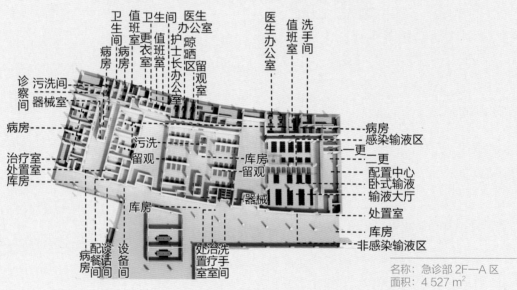

卫生间 值班室 卫生间 值班室 更衣室 医生办公室 晾晒区 留观室 护士长办公室 医生办公室 洗手间 值班室

诊察间 污洗间 器械室

病房 病房 病房

污洗 留观

治疗室 处置室 库房

库房 留观 库房

器械

病房 感染输液区 一更 二更 配置中心 卧式输液 输液大厅 处置室 库房 非感染输液区

配餐间 谈话间 病房 设备间 处置室 治疗室 洗手间

名称：急诊部 2F—A 区
面积：4 527 m²

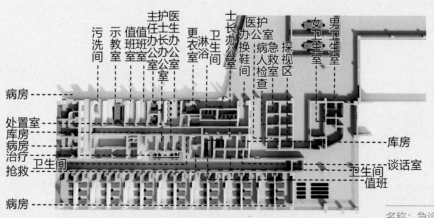

污洗间 示教室 值班室 值班室 主任办公室 护士长办公室 医生办公室 更衣室 淋浴 卫生间 士长办公室 医护办公室 换鞋间 急诊人救检查 探视区 女卫生室 男卫生室

病房
处置室
库房
病房
治疗
抢救 卫生间
病房

库房
谈话室
卫生间
值班

名称：急诊部 2F—B 区
面积：2 539 m²

1 本项目设计特点

■ 急诊科的设置和布局

急诊科应设有鲜明的标志、路标，形成独立小区，运送病人的车辆可直达抢救室门前，与医院医技科室临近，各工作单元布局、人流、物流合理，各分区标志醒目，病人就诊程序方便、合理。设置有分诊、挂号及各科诊断室、抢救室、治疗室、处置室、观察室、急诊手术室、公共卫生间、值班室等设施。

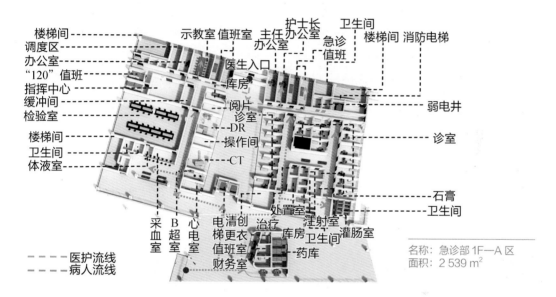

名称：急诊部 1F—A 区
面积：2 539 m²

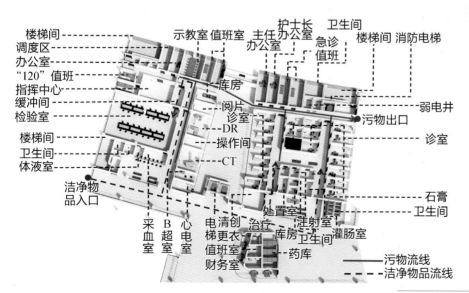

名称：急诊部 1F—A 区
面积：2 903 m²

■ 急诊部各功能室要求

（1）分诊处：设在急诊候诊室内，备有血压计、听诊器、压舌板、体温计等用于预检分诊的必要器具，并设有一定数量的候诊椅和洗手消毒设备，设有无线或有线电话装置，以便与各科和外界联系。

（2）诊断室：为急诊病人就诊区域，应保持整洁，限于普通急诊病人（非危重症，无行动障碍者），只作为一般诊疗区域，一经发现危重的急诊病人，应将病人转送到抢救室，不得在急诊诊室处理上述病人，担架床不得停留在急诊诊室。

（3）抢救室：专为抢救病人设置，其他任何情况不得占用。应备有常用的急救设备及抢救使用的中西药品。

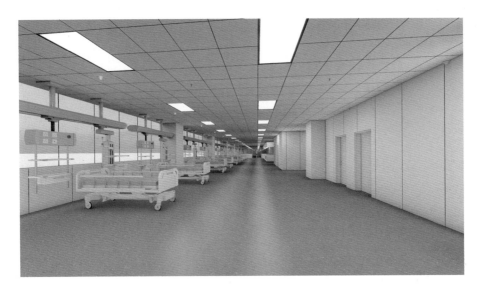

（4）治疗室：应有药品柜、治疗桌、治疗车、肌内注射及静脉注射设备等。

（5）处置室：备有器械消毒容器、治疗弃物分装容器、清洗盆等。

（6）手术室：备有无影灯、手术床、常用手术器械、气管插管设备、供氧设备、抽吸设备、手术推车消毒、灭菌设备。

（7）观察室：床位设置应按医院日平均急诊量而定，室内设备与要求和住院病室相同。

（8）资料室：备有电脑、文件柜、书架。

（9）示教室：可以兼做办公室。教学设备包括：气管切开、气管插管、心肺脑复苏模型。

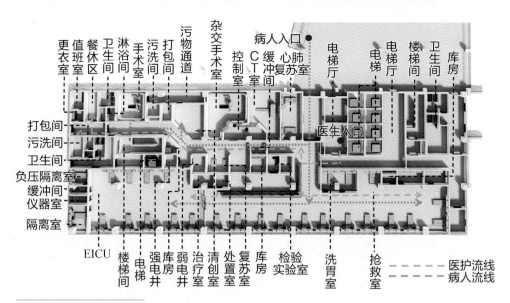

名称：急诊部 1F—B 区
面积：2 539 m²

急诊病人流线应按轻重缓急进行预先分诊。

普通急诊病人：通过急诊入口进入急诊大厅，经过分诊台的指引进入急诊门诊室就诊，按需进行检查和治疗。

有体外伤口的病人：通过急诊入口进入急诊大厅，通过引导进入清创室进行伤口缝合和治疗。

危重病人：由急救入口通过抢救大厅直接进入抢救室，按需进行心肺复苏、检查、手术和治疗。

急诊门诊部医护流线：由北边的急诊医护入口进入，通过急诊生活区进入各个工作场所。

急诊抢救医护流线：可由内部的医护工作电梯厅进入各个工作场所。

急诊污物流线：抢救、急诊门诊产生的垃圾被服进行简单包装统一送至污洗间进行清理消毒，无法处理的污物、垃圾在打包间进行打包后通过污物走廊外运处理。

急诊洁净物品流线：洁净物品通过洁净通道运送至库房进行保存整理。

❷　视频漫游

（东南大学附属中大医院　梁仁礼）

南京市溧水区中医院

第十章
中心药库及静脉药物配置中心（PIVAS）

静脉药物配置中心（PIVAS）在发达国家是医院药学工作必不可少的一部分，主要工作是对静脉药物进行再配置，它改变了静脉药物传统的现配现冲模式，改为更加合理的集中配置模式，节约了人力成本，提高了工作效率。

项目概况

南京市溧水区中医院异地新建项目位于溧水区永阳街道文昌路 201 号，总用地面积 84333.76 m^2（126.5 亩），总建筑面积 100 001.67 m^2，投资约 7.13 亿元。

一期工程建设医疗综合楼 1 栋（地下 1 层，地上 21 层），建筑面积 90 026.5 m² （地上 74 275.2 m²，地下 15 751.3 m²），设计门诊量 5 000 人／日，设置床位数 700 张。

后勤综合楼 1 栋（地下 1 层，地上 4 层），建筑面积 9 975.17 m²（地上 7 593.94 m²，地下 2 381.23 m²）。

本项目于 2015 年 1 月开工建设，2016 年 9 月 20 日医疗综合楼主体工程结构封顶，2017 年 3 月 23 日后勤综合楼主体工程结构封顶，于 2018 年 12 月 18 日顺利搬迁入驻。

本项目中心药库与 PIVAS 设置在医疗综合楼一层东北角区域，中心药库与 PIVAS 分别位于内走廊南、北侧，建筑面积 1 729.96 m²，其中中心药库 1 147 m²，原建筑设计院预留 PIVAS 区域 582.96 m²，需进行医疗专项二次深化设计，详见原建筑设计院平面布置图。

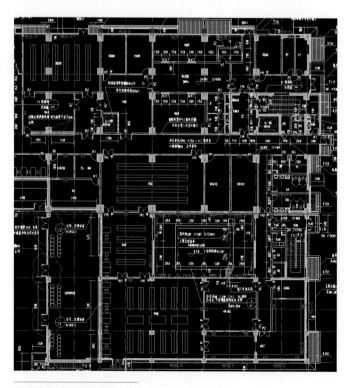

原建筑设计平面布置图

中心药库与 PIVAS 设置原则

PIVAS 区域应紧邻医院中心药库，有独立的通道便于药品的运输，中心包括药库、大输液仓库和成品打包发放区，主要区域宜有：药品二级库、办公区、摆药区、更衣室（一更和二更）、调配区、成品核对包装区等组成。调配间内设有层流台（为正压）或生物安全柜（为负压），分开进行普通药物及肠外营养液调配、抗生素类及危害药物调配。

2 **BIM 技术在设计方案阶段中的应用**

BIM 技术最初在我院异地新建项目上的应用是从土建及水电消防工程开始的。考虑到管线综合支架充分利用能够合理降低成本，管线碰撞技术应用明显节约吊顶空间，可以避免在施工过程中由于进场施工工序安排不合理导致的管线冲突拆改，会造成大量人力、物力、财力资源浪费，施工过程中收到了良好的效果。

装饰装修工程施工期间，由于采用了 BIM 技术，装修效果得以立体呈现，可以进行不同装修风格的比较。同时漫游效果让人身临其境，在门诊大厅、电梯间、国医堂、病区护士站、标准病房等装饰装修过程中起到了前瞻性的辅助决策作用。

由于 PIVAS 在建筑设计和装修设计阶段均留空，由我院作为医疗专项进行二次深化设计。一稿完成的初步设计方案，详见下图。

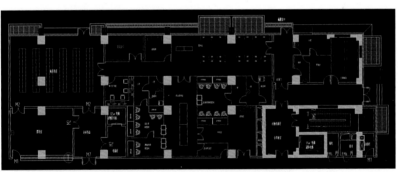

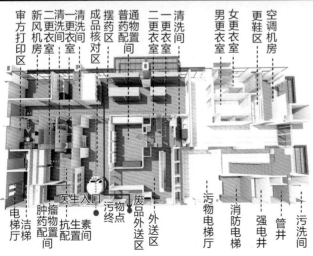

医护流线 ‥‥‥▸
污物流线 ──▸

名称：静脉药物配置中心
面积：277.4 m²

静配中心平面布局设计（一稿）

PIVAS 一稿设计方案形成后，邀请南京鼓楼医院、南京市第一医院等三甲医院相关专家、本院相关职能科室药剂科、院感科等相关人员对该方案进行初步论证，对平面布局、空间利用、洁污流程等的合理性及预期投入使用后的便捷性进行了讨论。

鉴于 PIVAS 一稿设计方案讨论过程中发现的诸多平面布局、空间利用、洁污流线设计方面存在的不足，明确要求设计单位重新进行方案设计。二稿设计方案则跳出了一稿设计方案的思路，经 BIM 技术建模、漫游显示，进行了颠覆性设计，明显比一稿设计方案布局更加合理，空间更加紧凑，流线更加规范。

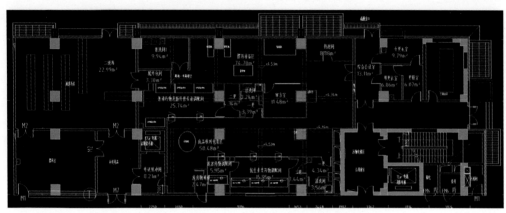

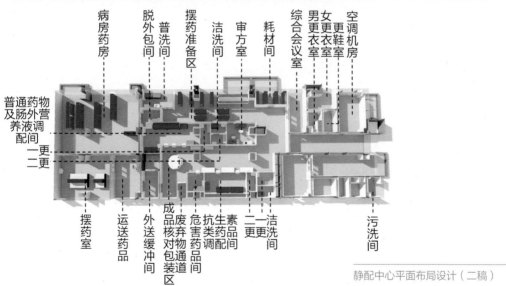

静配中心平面布局设计（二稿）

2.1　PIVAS 内部人流设计

（1）由卫生通道进入更鞋室，更换工作鞋后分别进入男、女更衣室，更换工作服、工作帽。

（2）护士更衣后进入一更衣室，按规范要求清洗、消毒，然后进入二更衣室，戴上一次性口罩、帽子和无菌手套，穿无菌连体服和洁净鞋进入调配间。

（3）药师更衣后先进入审方室，审方无误后再进入摆药间。

（4） 送药及核对人员按流程更衣，直接进入脱外包间或成品核对包装区。

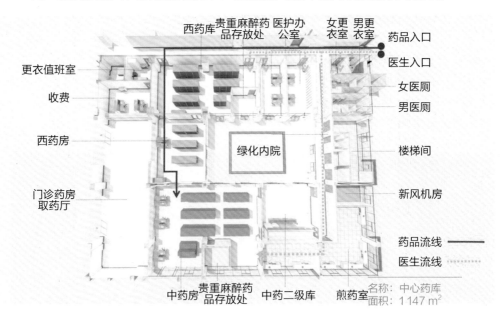

名称：中心药库
面积：1 147 m²

2.2　PIVAS 内部物流设计

（1） 将药物及液体的外包装拆除后，分别放至普通药物及肠外营养液、抗生素类及危害药物两个不同摆药准备区。

（2） 根据电脑打印的输液标签进行摆药。

（3） 进行首次核对传至调配间。

（4） 调配间进行二次核对。

（5） 药物调配完成后分别传至脱外包间或成品核对包装区。

（6） 包装后通过药物输送分拣物流系统送至各病区。

（7） 产生的医疗废弃物物通过废弃物出口运出。

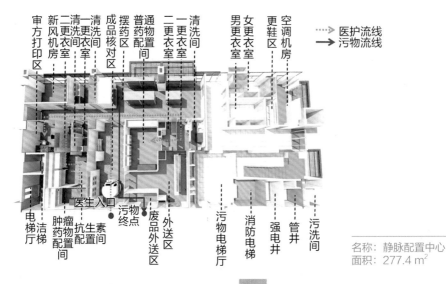

名称：静脉配置中心
面积：277.4 m²

3 通风空调系统部分设计规范及依据

（1）《建筑设计防火规范》（GB 50016-2006）

（2）《采暖通风与空气调节设计规范》（GB 50019-2003）

（3）《洁净厂房设计规范》（GB 50073-2013）

（4）《通风与空调工程施工质量验收规范》（GB 50243-2002）

（5）《洁净室施工及验收规范》（GB 50591-2010）

（6）《静脉用药集中调配质量管理规范》卫生部 2010 年 62 号文件。

3.1 室外气象条件

夏季：
空调室外计算干球温度：34.4℃；
空调室外计算湿球温度：28.3℃；
大气压力：100 370 Pa；
室外平均风速：3.5 m/s；

冬季：
空调室外计算干球温度：-2.5℃；
空调室外计算相对湿度：77%；
大气压力：102 410 Pa；
室外平均风速：3.5 m/s。

3.2 室内设计参数

洁净室净化级别：一更衣室及洁洗间为 D 级（十万级）区域，其余为 C 级（万级）区域。气流形式为非垂直流型，顶送下侧回/排。其中洁净区面积约为 80 m²，吊顶高度 2.6 m。

室内相对湿度：40%~65%；
夏季：
室内相对湿度：55%±5%；
室内温度：20℃±1℃；

室内温度：18~26℃；
冬季：
室内相对湿度：50%±5%；
室内温度：21℃±1℃。

3.3 其他设计及安装要求

（1）抗生素类及危害药物调配区采用组合式全新风空气处理机组 AHU-01 系统洁净送风量 5 764 m³/h，制冷量 114 kW。

（2）普通药物及肠外营养液调配区采用组合式循环风空气处理机组 AHU-02 系统洁净送风量 3 505 m³/h，制冷量 29 kW。

（3）抗生素类及危害药物调配区、一次更衣室、二次更衣室、洁洗间采用活性炭过滤排风机组 PF-01 排风；肿瘤药品调配区采用排风机组 PF-02 排风。

（4）普通药物及肠外营养液调配区采用活性炭过滤排风机组 PF-03 排风。

（5）非洁净区新风机组 AHU-03 系统，送风量 2 000 m³/h，制冷量 28.8 kW。

（6）空调负荷：共设计 2 套恒温恒湿控制机组 AHU-01/AHU-02，1 套非净化区新风空调机组系统 AHU-03，17 套风机盘管；配备两台制冷量为 130 kW 的风冷模块机组。

（7）自控系统：净化空调机组及系统各阀门和排风机由 PLC 程序统一控制，空调自控系统根据使用需求重新设计安装。

（8）管材与连接

① 空调送、回风管、排风风管采用优质镀锌钢板加保温制作，其厚度及连接方式如下：

a. 风管连接法兰垫料密封，压紧后厚度为 2~3 mm。

b. 当风管采用其他连接形式时，应满足 GB 50243、JGJ 141 的要求。

c. 矩形风管边长 ≥ 630 mm 和保温风管边长 ≥ 800 mm 时，应采取加固措施。

② 空调机组、新风机组、送排风机进出口与风管相连处应设不长于 200 mm 的帆布软接头，软接头与空气处理机间用法兰固定，经过变形缝处其长度宜为变形缝的宽度加 100 mm 及以上，上下大于 50 mm 的空隙用不燃材料封填。

③ 防火阀与防火墙之间的距离应 ≤ 200 mm，防火阀到防火墙或管井壁或楼板处的风管两侧 2 m 及上下 1 m 处设防火保护，或采用耐火 2 小时的风管。建议防火阀与防火墙之间的风管采用 δ ≥ 2.0 mm 厚钢板制作，在风管穿过需要封闭的防火、防爆的墙体或楼板时，应设预埋管或防护套管，其钢板厚度不应小于 1.6 mm。风管与防护套管之间，用柔性防火堵泥封堵。

④ 管道阀门的安装

a. 安装阀门时应注意将操作手柄放置在便于操作的部位，手动阀门安装手柄均不得向下。防火阀和防烟阀应采用单独支吊架并能顺气流方向关闭。吊顶内安装阀门处，应设检修孔或活动吊顶。

b. 风管用配件需作外观检查，所有阀门除作外观检查外还需检查其动作是否正确、灵活、严密。

c. 风管止回阀叶片吹起侧需有足够长的直管段，确保叶片吹起不受挡，不卡住。调节阀、防火阀安装前须检验其灵活性和可靠性，保温时切忌影响阀柄阀杆运动，注意其阀柄操作方便检修可能。所有防火阀系列、止回阀、调节阀需抽样做漏风气密性试验。

d. 有关管道及设备预留洞等应与土建配合预留，预留孔洞位置及尺寸需结合暖通图纸确认。管道穿越楼板及墙体处应设钢套管，套管应比相应管道大二号。安装完毕后，洞口用 200# 细石混凝土填实，套管内用沥青麻丝填实。穿内墙套管两端同墙体抹灰面平，穿楼板套管下端同板底平，上端高出楼板裸面 50 mm。

⑤ 管道保温

根据管径不同采用相应的厚度：管道 DN（公称直径）≤ 50 时厚度为 28 mm，150 ≥ DN > 50 时厚度为 32 mm，DN ≥ 200 时厚度为 36 mm。空调凝结水管参照冷水管道安装规范。

a. 新安装空调水管及其阀门保温采用闭泡橡塑保温材料，难燃 B1 级，湿阻因子 ≥ 10 000，0℃下导热系数 ≤ 0.032 W/（m·K），40℃下导热系数 ≤ 0.037 W/（m·K），表观密度 50~70 kg/m，净化区非净化区采用相应保温材料，厚度为 15 mm。

b. 空调风管均需保温，采用闭泡橡塑保温材料，厚度为 25 mm，与原大楼设计保持一致。

c. 所有冷媒保温管道与吊支架之间内衬经防腐处理的木衬垫或橡胶垫，其厚度应与保温层厚度相同，表面平整。

d. 水管、风管吊支架和风管法兰安装前需除锈，涂红丹二道，再刷色漆二道。

⑥ 系统试压

a. 空调水管安装完毕后，应进行水压试验，空调水系统工作压力为 1.2 MPa，试验压力为 1.80 MPa，在 10 分钟内压降不大于 0.02 MPa，且表面观察无渗漏为合格。

b. 系统经试压合格后，需进行反复冲洗，直至排出水中不夹带污物及杂质，且水色不混浊时为合格。在进行冲洗之前，先除去过滤器的滤网，冲洗完毕后再进行安装。管路冲洗时，水流不得经过主要设备。

c. 工程冷凝水管路应进行通水试验。空调水系统试压步骤参照《通风与空调工程施工规范》（GB 50738-2011）第 15.5.3 条要求进行。

4　BIM 技术在本案例中的应用体会

建筑是一门遗憾的艺术，无论是何设计方案，均有利有弊。如何留优去劣，对于非专业设计、建筑工程类的医务人员是道难题，尤其是医疗专项，还有着一些特殊院感要求。BIM 技术则搭建了这样一个平台，让非专业人员不需要面对平面图，可以通过漫游直观感受平面布局、空间利用、洁污流线、设备安装等设计思路，有利于在设计方案阶段就发现存在的问题，及时予以修正，避免后期工程施工过程中可能存在的拆改，造成不必要的人力、物力、财力的浪费。

本案例从中心药库及 PIVAS 设计方案开始，由于 BIM 技术的及时介入，在一稿方案的基础上优化布局、流线等设计，形成比较合理、经济的二稿方案，虽然可能不是最优的方案，但尽量避免了施工过程中或完工后相关医务人员立即指出来的使用弊端，仍不失为一个相对比较成功的案例。

5　主要设备 BIM 构件族

名称：高速发药机

型号：IRON—G92

使用部位：门诊药房

几何尺寸：4 000 mm×1 500 mm×2 750 mm

材质：铝型材、碳素结构钢、不锈钢

技术参数：设备在接收 his 处方信息后独立运行，自动高速分发药品。

储存量：储药通道不低于 90 个，常规药品不少于 7 000 盒。

出药方式：多通道同时出药，出药机构独立，同时具有独立的检查计数传感装置。可以在设备两侧设置出药口传输出药。

应用案例：溧水区中医院

附加信息：生产厂家：苏州艾隆

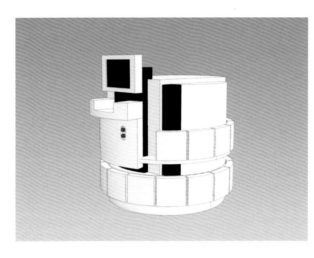

名称：静脉输液成品分拣机

型号：IRON—FJ30

使用部位：静脉配置中心

几何尺寸：1 920 mm×1 600 mm×1 600 mm

材质：碳素结构钢、医用 ABS 塑料

技术参数：将成品输液自动分拣至各个病区。输液成品分拣时，系统自动监控，并在屏幕上显示分拣成品的数量。分拣速度 1 500~2 000 袋 / 小时。采用光电检测，旋转式机械手分拣方式。

应用案例：溧水区中医院

附加信息：生产厂家：苏州艾隆

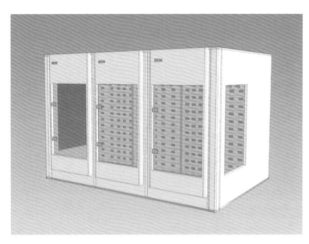

名称：快速发药系统

型号：IRON—900

使用部位：门诊药房

几何尺寸：4 300 mm×2 940 mm×2 750 mm

材质：铝型材、碳素结构钢、不锈钢

技术参数：方位储药槽响应药品批量输出方式，全方位同时落药方式，出药方式采取一次性全屏落药。发药速度：平均小于 10 秒 / 处方。

功率电源：功率为 3 000 W，电源为 AC380 V ± 10%、50/60 Hz。存储能力密集型存储，储存量 215 000 盒。

应用案例：溧水区中医院

附加信息：生产厂家：苏州艾隆

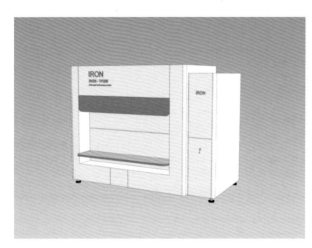

名称：统排机

型号：IRON—TP200

使用部位：静脉配置中心

几何尺寸：2 986 mm×1 507 mm×2 250 mm

材质：碳素结构钢、不锈钢

技术参数：系统接收医嘱信息后，自动将药品送至药师面前，并提示所在位置。

储药位：200 个，并可分隔扩展至 400 个。

储存量：2 0000 支常规针剂类药品。

箱斗运转速度：8~10 米 / 分钟，不间断取药次数不低于 240 次 / 小时。

应用案例：溧水区中医院

附加信息：生产厂家：苏州艾隆

名称：智能拆零分装机
型号：IRON—CL78
使用部位：门诊药房
几何尺寸：957 mm×751 mm×1 858 mm
材质：碳素结构钢、不锈钢
技术参数：用于门诊药房单剂量药品的分发分装，接到医嘱信息后，自动发送单剂量药品。
药盒抽屉数量：6个。药品种类78种。
应用案例：溧水区中医院
附加信息：生产厂家：苏州艾隆

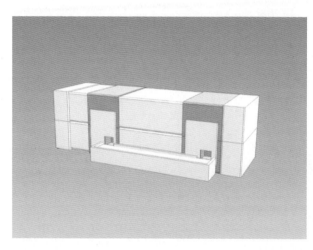

名称：智能机械手二级库
型号：IRON—IWH
使用部位：门诊药房
几何尺寸：4 400 mm×1 500 mm×2 750 mm
　　　　　8 400 mm×2 700 mm×2 600 mm
材质：铝型材、碳素结构钢、不锈钢、医用 ABS 塑料
技术参数：全自动智能二级库系统主体分为入库、储存、出库、盘检、缓存五个部分。
出入库速度：平均15~30秒/件。
处理速度：180件/小时。采用光幕传感方式测控出入库过程。
应用案例：溧水区中医院
附加信息：生产厂家：苏州艾隆

6 **视频漫游**

（南京市溧水区中医院　张才军）

常州市金坛区第一人民医院院区鸟瞰图

第十一章
检验科实验室

项目概况

　　常州市金坛区第一人民医院位于金坛区城市规划发展的中心地带，总建筑面积约 24 万 m^2，其中地上建筑面积约 17.8 万 m^2，地下建筑面积约 6.2 万 m^2；总床位数 1 600 张。项目分两期建设，一期建设 1 350 张床位，二期建设 250 张床位。该项目采用了综合医院—医疗中心模式，即院中院模式，除了强化医疗街模块化的布局外，更是使模块内部具备提供更多完善功能空间的可能，可以根据科室发展及时调整建筑内部布局，使医院建筑具有适应性、可变性。

　　常州市金坛区第一人民医院检验科位于裙楼二楼，病人从门诊大厅由自动扶梯而上就可直接达到检验科。检验科使用面积约 2 000 m^2，包括了血液采集区、体液采集区、血常规、生化免疫、标本及试剂冷库、细胞实验室、微生物实验区、HIV 实验室、PCR 实验室、办公区、更衣缓冲区等。基于检验科设备多、对建筑需求的复杂性和高要求，金坛区第一人民医院决定在检验科实验室建设过程中采用 BIM 技术。

1 检验科实验室的设计

1.1 平面布局

　　首先是了解使用科室的需求，结合实际条件设计。我们将重点需求一一列举：

　　（1）三甲医院检验科面积不宜小于 1 200 m²，二甲医院检验科面积不宜小于 800 m²，如果还承担有较多的科研、教学任务，面积还应适当增加。我们医院检验科有实验及科研任务，也为医院未来发展考虑，最终配置给检验科 2 000 m² 的使用面积。

　　（2）HIV 初筛实验室：分为清洁区、半污染区、污染区，面积不宜小于 45 m²。

　　（3）PCR 实验室：分为试剂准备室、样品制备室、扩增分析室，各实验室前要有缓冲间，PCR 总面积不宜小于 60 m²。

　　（4）微生物实验室：分为准备室、缓冲间和工作区，面积不宜小于 60 m²。根据科室要求，需配置结核、真菌等核心区，故微生物实验室整体面积规划 200 m²。

　　（5）采血区应单独成一区，采血窗口的长度不宜小于 1.2 m，宽度 45~60 cm 为宜，采血窗口的数量应参考日平均门诊数量确定，并适当考虑将来发展需要。最终确定配置 8 个常规采血窗口和一个特殊采血室。

　　（6）血常规及生化免疫区，考虑全自动流水线，预留大空间。

　　基于以上信息，我们组织了前期设计沟通会，专业设计团队、基建处、使用科室主任及代表一起开始了区域设计，会议过程中，专业设计团队将一个个实验区域根据面积做成了单独的三维小模块，像做拼图一样将这些模块"闪转腾挪"，让使用科室耳目一新，因为可以直观地看到每个区块的样式，他们很快便提出了很多自己的见解，并直言这种方式极为方便，减少了很多沟通成本。

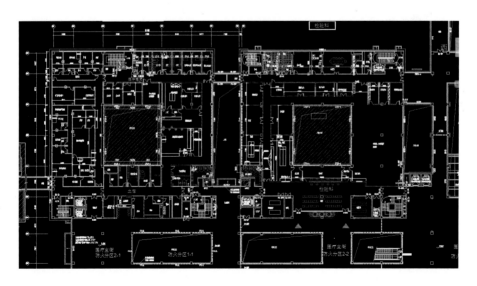

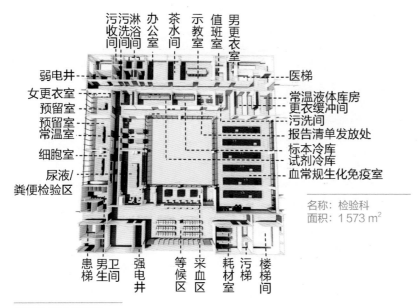

弱电井
女更衣室
预留室
预留室
常温室
细胞室
尿液/
粪便检验区

污收间
污洗间
淋浴间
办公室
茶水间
示教室
值班室
男更衣室

医梯
常温液体库房
更衣缓冲间
污洗间
报告清单发放处
标本冷库
试剂冷库
血常规生化免疫室

患梯
男卫生间
强电井
等候区
来血区
耗材室
污梯
楼梯间

名称：检验科
面积：1 573 m²

检验科 BIM 模型图

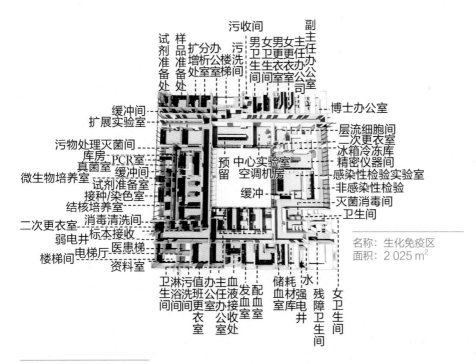

试剂准备处
样品准备处
扩增分析处
分办公室
公楼梯室
污洗间
污收间
男卫生间
女卫生间
男更衣室
女更衣室
主任办公室
副主任办公室

缓冲间
扩展实验室
污物处理灭菌间
库房
PCR室
真菌室
微生物培养室
试剂准备室
接种/染色室
结核培养室
二次更衣室
弱电井
标本接收
楼梯间
电梯厅
医患梯
资料室

预留

中心实验室
空调机房
缓冲

博士办公室
层流细胞间
二次更衣室
冰箱冷冻库
精密仪器间
感染性检验实验室
非感染性检验
灭菌消毒间
卫生间

卫生间
淋浴间
污洗间
值班间
办公更衣室
主任办公室
血液接收处
配血室
发血室
储血室
耗材库房
水强电井
残障卫生间
女卫生间

名称：生化免疫区
面积：2 025 m²

生化免疫区 BIM 模型图

检验大厅 BIM 模型图

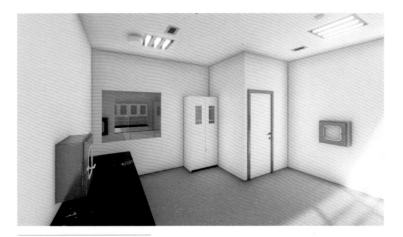

PCR 实验室 BIM 模型图

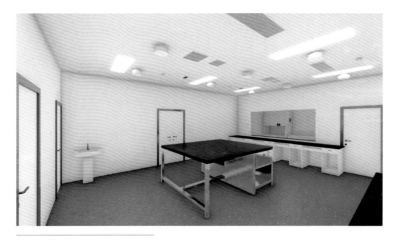

微生物实验室 BIM 模型图

1.2　流线规划

　　检验科平面布局应能清晰地分出清洁区、半污染区和污染区，各区域之间应有隔断隔开，清洁区主要由更衣室、办公室等组成，半污染区主要由试剂库、制水间等辅助功能间组成，污染区主要由采血室、检测实验室组成。双通道：检验科应人流、物流分开，人员和物品应有独立的出入口，特别是污物应有专用出口，且经医院的污梯送至医院集中的医疗废物存放点，不得走医院的客梯。人流、物流路线不应和整个大楼的人流、物流路线冲突。

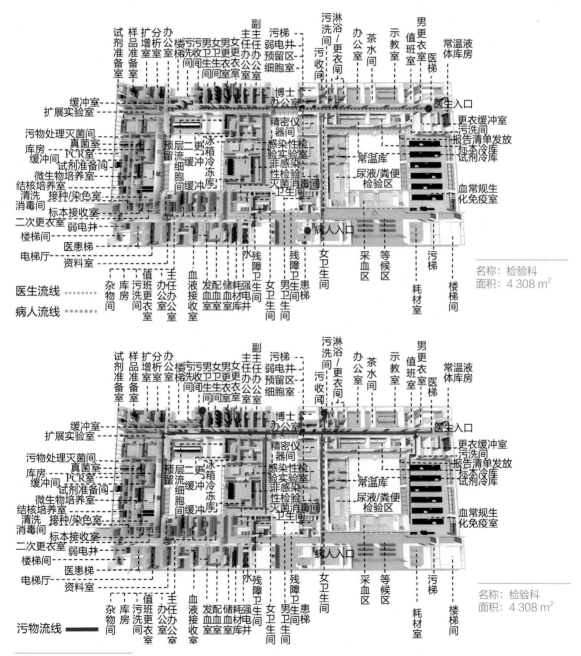

科室流线 BIM 模型图

1.3　洁净和暖通设计

　　检验科实验室洁净和暖通设计，首要目的是提供安全的工作环境，避免实验室7个工位20个气溶胶泄漏风险点的生物气溶胶吸入风险。其次是控制实验室温湿度环境，符合实验室工作人员和仪器设备工作的环境要求。最后是进行废气外排的无害化处理。

实验室7个工位20个气溶胶泄漏风险点汇总表

工位		气溶胶产生的原因
采血窗口	1	在拔出采血针头或向容器内注入血液时，可造成气溶胶溢出，易造成呼吸暴露
	2	由于针头意外脱掉或采到末梢小动脉血时而发生血液喷溅，也可能由于容器倾倒而出现血液泼洒，形成气溶胶
标本离心工位	3	离心机在离心结束前制动过程中，及打开试管盖帽时，均可产生大量感染性的气溶胶；离心管未盖紧或盛装过满易造成泄漏，玻璃离心管可因为破碎造成标本泄漏
	4	非自动进样模式血液细胞学分析时，末梢血标本手动混匀及开盖时，产生气溶胶逃逸；仪器开关触摸键造成血斑污染，干燥后再挥发气溶胶
	5	手工细胞学制片：存在气溶胶吸入污染
	6	仪器废液：血细胞分析标本量大，每天产生的废液量多，在更换、排放废液过程中产生气溶胶溢出风险
体液检测工位	7	由患者自己采集的尿液、粪便等标本，残留在容器外表面，污染挥发气溶胶
	8	标本倾倒造成泼洒；容器破裂造成外泄；干化学检测试条携带污染
	9	在标本离心、涂片制备及干化学试条蘸取标本时可产生气溶胶颗粒，产生吸入性污染风险
	10	仪器检测后每天产生各种废弃物存在潜在的传染性风险，在更换、排放废液过程中产生气溶胶溢出风险
发光及凝血工位	11	吸取样品时，血样品滴落台面，标本管破裂、倾倒产生血液泄漏，都有气溶胶污染风险
	12	离心后打开试管盖帽时，产生气溶胶逃逸
	13	仪器检测后每天产生废液及废弃物存在潜在的传染性风险，主要是在更换、排放废液过程中产生，另外如各种医疗废弃物消毒处理不到位，同样也会对环境产生较大污染
免疫工位	14	使用加样器加样时可产生气溶胶粒子，特别在吹出最后一滴液滴时，气溶胶最多；手工洗涤时也可以产生气溶胶逃逸
	15	免疫检测手工加样时，样本滴落污染台面或发生反应板表面，洗板时可发生洗液污染反应板表面，标本管破裂、倾倒可产生血液外泄，都可能造成气溶胶逃逸
	16	免疫检测的各种废弃物，存在潜在的传染性风险
微生物工位	17	容器破裂可造成标本泄漏；容器倾倒可造成标本泼洒；临床采集标本时可发生容器外表面污染；接种时可造成标本滴落污染台面等；在手工开盖或制备涂片时，发生手或环境污染
	18	取菌环接种可产生气溶胶粒子污染；制备涂片和悬液可产生气溶胶逃逸；标本处理过程中的离心、重悬浮等可产生气溶胶逃逸
手工快速免疫项目的检测操作	19	术前四项：除了使用加样枪加样时可产生气溶胶逃逸外，由于该项目处于完全开放条件下的手工操作，发生血液样本台面滴落蒸发形成的气溶胶逃逸
	20	梅毒RPR和TPPA的检测时，除了免疫检测常见污染外，主要是RPR检测中水平旋转仪震动产生较多气溶胶风险

检验科实验室是一个充斥着生物危害的环境，医护人员的安全必须得到相应保障，所以检验科的暖通设计尤为重要。由于检验科实验室种类多，污染源也分散，各个区域的通风系统需要独立设置。通风系统的管道施工量较大，易发生管线碰撞交叉，故在机电设计当中，专业团队使用了 BIM 技术进行了管线综合模拟。通过虚拟建造，可以对传统二维模式下不易察觉的"错漏碰缺"进行优化更正。如内部各构件的碰撞、风管与电器管线潜在的交错碰撞等问题都得到了改善。

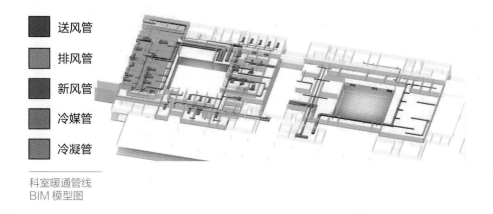

- 送风管
- 排风管
- 新风管
- 冷媒管
- 冷凝管

科室暖通管线
BIM 模型图

1.4　光源设计中

光环境是室内环境的重要组成要素之一，而照度和色温是影响光环境的重要原因，光环境通过视觉效果直接影响注意力、唤醒水平和疲劳度，间接影响工作效率。

实验室光环境由室内材料用色和照明构成。照明按功能可以分为：工作照明、辅助功能照明、装饰照明、疏散指示、应急照明。按区域可分为：接样制备区域、试验分析区域、洁净区域、办公区域、存储区域、易燃易爆区域、潮湿区域、冷热极限区域、腐蚀环境区域、公共区域等。实验室中的工作照明应该参照光环境设计方法，根据不同区域、环境、不同的功能，进行单独深化设计。

室内 BIM 照明效果图

利用 BIM 技术，我们通过对项目日照、投影的分析模拟，帮助设计师调整设计策略，实现绿色目标，提高建筑性能。

② 检验科实验室施工

2.1 装饰配色的比选

我们检验科的装饰多采用装配式板材进行分隔机吊顶，室内环境也尽量利用了自然采光，室内装饰选用奶白色金属板材，吊顶和地面均采用了淡色系装修材料，整体给人以清爽的感觉，同时也与大楼整体规划设计配色相呼应，配合得当。在这样的实验环境中，要按需摆放实验家具和大型仪器设备，家具的配色和形式与要装饰环境相得益彰，避免因设计图不直观或缺乏想象造成遗憾。

2.2 施工模拟

通过模拟施工过程，更直观地展示施工方案，便于安装和施工管理人员明白建筑的施工工艺，避免二维图纸造成的理解偏差，保证项目的如期进行。

在 PCR 实验室中，我们采用了冷帆辐射空调。冷帆辐射空调能提高（或降低）围护结构内表面中一个或多个表面的温度，形成冷（热）辐射表面，依靠辐射面与人体、设备、家具及围护结构其余表面的辐射热交换。辐射空调系统通过发射和吸收长波红外线进行能量交换，从而达到制冷（制热）的功能。由于其不通过空气进行热交换，能够有效避免因空气扰动引起的院内交叉感染。夏季用于供冷时，没有吹冷风感，舒适性好；没有风机等电动设备，系统运行噪音很低；属于温、湿度独立控制系统，室内没有凝结水，不会产生霉菌。

PCR 实验室使用的冷帆辐射空调系统，采用了表面光滑无孔的金属材质，要求抗菌性能好，使用寿命长，为模块可拆装式的结构形式。

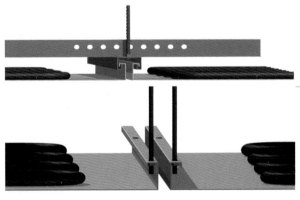

冷帆辐射空调板安装节点图

由于此次施工人员均是初次进行冷帆辐射空调的安装，对其知之甚少，施工质量和施工周期都受到了一定的挑战，此时，我们决定与供货厂家一起，利用 BIM 技术进行施工模拟，将辐射板的安装方式和节点均进行动态呈现和演示，经过可视化模拟培训后，现场施工工人安装起来事半功倍，现场管理人员也可以动态复核安装是否正确。在 BIM 技术的帮助下，辐射空调得以顺利安装，测试时间比施工组织计划提前了整整一周。

3 总 结

随着医院检验科日新月异的发展，新的检验技术正在逐渐替代手工化操作，自动化、信息化给检验科带来便利的同时，对检验科的建设也提出了更高的要求。借助于 BIM 技术，我们在整个检验科的建设过程中得到了很多便利，也学到了很多新的建设理念。

在设计阶段，BIM 的实施提高了设计的效率和质量，可以提前发现图纸错漏并对实际效果进行模拟论证。例如在空间布局和流程设计上，借助于 BIM，让使用科室直观地了解知晓设计师的意图，节省了沟通成本；例如通过管线综合优化，协调各专业管线的安装，避免后期专业间拆改等。

在施工阶段，通过 BIM 模拟可对一些特殊的施工方案提前进行可行性论证，业主方可以通过 BIM 技术辅助决策，监理单位通过 BIM 技术辅助监督，施工单位参照 BIM 成果施工，保证安装效果，减少返工，节约成本。

后期运维阶段，制作 BIM 竣工模型，可实现 BIM 技术在建设全生命周期中的应用。在本次检验科建设过程中，我们在空气处理系统和辐射空调系统中建立了动态运维系统，在管道内和室内安装了很多数据监测传感器，并通过互联技术实现远端数据共享及处理，比如风管内的风压传感器数值超过设定的界限，后台就会提醒维保人员，维保人员通过调阅此传感器的历史数据变化可初步判定故障，在远端即可进行部分处理，大大提高了工作效率，也节约了成本。

当然，在本次检验科的建设过程中也有一些遗憾，例如未能将 BIM 技术在运维中的作用完全实现；例如由于施工界面划分不仔细，造成边界施工责任方不明确；例如缺少比选，部分区域的装饰风格不能尽如人意等等。但是相信随着我们对 BIM 技术的学习和创新，BIM 在检验科实验室建设中的应用会越来越多，检验科的设备和仪器厂家也会意识到 BIM 技术的实用性，在研发之中融入 BIM 的元素，在工程条件的需求和后期施工安装中无缝对接建筑 BIM 模型，未来可期。

4 视频漫游

参考文献

WHO.Laboratory biosafety manual［M］.3rd ed.World Health Organization，2004，54-55.

（无锡菲兰爱尔空气质量技术有限公司 周 文 杨 鑫）

南京鼓楼医院江北国际医院

第十二章
病理科实验室

项目概况

南京鼓楼医院江北国际医院位于江北新区国际健康城核心区，紧邻江北快速路，由南京市浦口新城举办，南京鼓楼医院以分院形式运营管理。院区 1 期建筑面积 16.7 万 m^2，计划开放床位 660 余张。根据国家级江北新区对医疗与健康事业发展的定位，南京鼓楼医院江北国际医院将依托鼓楼医院品牌与资源优势，充分发挥国家级开发区的政策优势，着力成长为一所集疑难重症诊疗、临床基础研究、交叉学科发展、高端医护人才培养、大众医学科普等功能为一体的国内领先、国际一流的三级甲等综合医院。

病理科是大型综合医院必不可少的科室之一，其主要任务是在医疗过程中承担病理诊断工作，包括通过活体组织检查、脱落和细针穿刺细胞学检查以及尸体解剖检查，为临床提供明确的病理诊断，确定疾病的性质，查明死亡原因。由于病理诊断报告不是影像学的描述，而是明确的疾病名称，临床医师主要根据病理报告决定治疗原则、估计预后以及解释临床症状和明确死亡原因。病理诊断的这种权威性决定了它在所有诊断手段中的核心作用，因此病理诊断的质量不仅对相关科室甚至对医院整体的医疗质量构成极大的影响。

病理实验区主要是对病理标本的处置，需要经过取材、脱水、包埋、切片、染色等技术手段以获得最终的病理组织切片供医生诊断，在这些处理的过程中，需要重点注意其中两种危害：一是气体危害，如甲醛和二甲苯等；二是生物气溶胶的危害。所以病理建设的重点是空气处理系统。此外，病理科内的设备较多，分区必须严格按照清洁区、半污染、污染来进行划分，流线也必须清晰，医生的通道、标本的流向以及污物的流向均需要考虑得当。综合如此多复杂的工艺及问题，我们需要 BIM 技术来辅助科室的建设。

1　BIM 技术在病理科设计中的应用

传统的设计成图是二维的，这种工作模式只是利用了计算机作为媒介，并未从根本上将设计师从繁重的绘图任务中解脱出来。信息化时代的设计师不仅要将计算机作为现代设计媒介，更重要的是要具备迅速、准确地把握、控制和运用各种信息的能力。基于 BIM 技术开发的三维设计软件为设计师提供了一个从概念设计到施工图设计、可视化分析、渲染图和文档制作的统一环境，消除了设计图档之间不一致的现象，保证设计协调、高效、顺利地进行，保证了设计的质量和进度。实践证明基于 BIM 技术的三维设计是一种非常有效的手段，设计者用三维概念来分析空间构成关系，最终实现设计的立体表达，实现设计目标的优化，实现设计信息的充分利用。

1.1　平面设计

病理科按实际功能区域划分，可细分为常规病理技术区（即包括取材、脱水、包埋、切片、染色等）、组织细胞实验区、免疫组化实验区、分子病理实验区、诊断档案区，以及清洁办公区等。各区域相对独立，但又必须符合相应的流程。

在平面方案设计初期，设计人员用二维软件构图的方式与科室人员沟通，设计的整体流程都要在平面设计图上面展开，对于很多重要的问题就容易忽略。平面模型图不能完整地诠释建筑工程设计。应用 BIM 技术后，设计师采用三维模型的方式进行立体视觉化沟通，效果显著。例如在取材室内布置上，科室一直无法敲定最终的方案，因为考虑到取材过程中，一般是两名医生进行配合，一位负责站着取材，另一位则负责坐着进行记录。由于取材工位较多，取材室内人员较为拥挤，科室人员对工位间距及流程方便等问题一直存在顾虑，在二维平面上很难有直观的感受，采用 BIM 技术制作三维立体布置图后，很快就确定了方案。其他区域也有类似情况，也都得到了解决。

传统的建筑设计和 BIM 技术的比较主要就是二维、三维绘图的优缺点，三维立体绘图从多方面来说都更胜一筹。

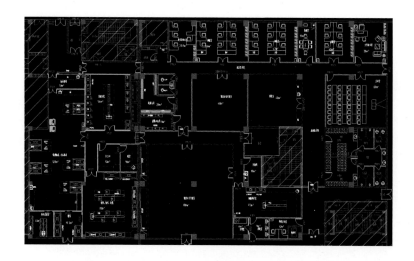

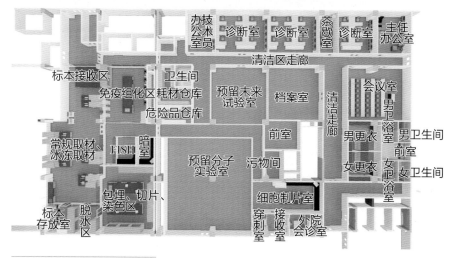

病理科三维平面和二维平面

1.2 深化设计

　　建筑工程设计总是出现设计深度不够的问题。设计深度不够的主要原因就是传统建筑工程设计的参考模型不能提供全面的视角。然而 BIM 技术的出现在很大程度上能够解决这个问题，因为 BIM 技术能够对建筑工程设计进行深化，立体的工程绘图更加直观，也能够从全面的角度对建筑模型进行分析。另外 BIM 技术当中的设计方也能够及时发现问题，不至于在实际工作当中才能够发现问题，重新进行建筑设计。

　　由于污染的化学气味异常浓烈，病理科实验室需要借助机械排风与送风进行处理，使得吊顶内管线纵横，时常会在某些区域影响层高，利用 BIM 技术进行的管线综合，合理排布，使得室内层高未受到影响。此外，在 BIM 技术的设计指导下，各个专业通过相关的三维设计软件的协同工作，能够最大地提高出图速度。并且建立各个专业间共享的工作数据平台，实现各个专业的有机合作，提高出图精准度。深化设计的重要性不言而喻，BIM 很大程度上节省工作时间，因为减少了问题的出现，及时解决不足，因此工作效率也跟着进行提升。

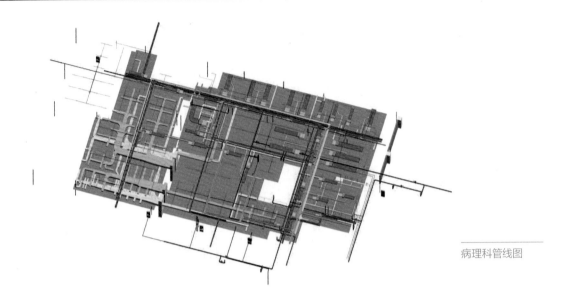

病理科管线图

2 BIM 技术在病理科空气处理系统中的应用

2.1 病理科内空气状况阐述

病理科的工作环境问题：① 工作环境内始终摆脱不了有毒有害气体（甲醛、二甲苯等）；② 工作间内新风（新鲜空气）送量不足；③ 为降低污染程度，通过提高排风量稀释气体，但只限于局部解决；④ 工作间内有毒有害气体（甲醛、二甲苯等）的排放问题、粘附渗透问题无法解决；⑤ 病理科工作人员罹患疾病的风险高。

病理科重点污染岗位的污染源分析表

病理技术工位		污染源	工作状态	可能的有害污染物浓度（mg/m³）
1	取材	1. 甲醛浸泡固定的标本； 2. 取材台表面残液； 3. 器具表面残液	取材	甲醛 1.0 ~2.5
			空置	甲醛 0.3~0.5
2	脱水	1. 脱水机； 2. 试剂	全封闭式脱水机 运行状态	甲醛 0.5~1.0
			全封闭式脱水机加通风柜运行状态	甲醛 0.3~0.8
			转盘式脱水机 运行状态	甲醛 0.5~2.5
			换试剂时段	甲醛 2.0~5.0
3	染色	染色机、手工染色缸	染色机运行状态	甲醛 0.5~1.3
				二甲苯

	病理技术工位	污染源	工作状态	可能的有害污染物浓度（mg/m³）
3	染色	染色机、手工染色缸	染色机加通风柜运行状态	甲醛 0.3~0.8
				二甲苯
			换试剂时段	甲醛 2.0~5.0
				二甲苯
4	包埋切片			甲醛 0.1~0.3
				二甲苯
5	细胞制片		标本离心、染色	甲醛 0.1~0.3
				二甲苯
6	切片诊断	新制切片固定剂	长时间镜前观片	甲醛 0.1~0.5
				二甲苯
7	标本存储	标本、容器	冷藏式标本柜存放	甲醛 0.1~0.5
			常温标本柜存放	甲醛 1.0~5.0
8	档案存储	蜡块、切片	室温存放	甲醛 0.1~0.3
				二甲苯

备注：

（1）色块定义

GB/T 18883—2002 超标 10 倍以上 / 严重污染

GB/T 18883—2002 超标 5~10 倍 / 污染

GB/T 18883—2002 超标 5 倍以内 / 轻度污染

（2）以上数据采样点取正常人体操作时呼吸区域

测试仪器采用 MIC-500-CH2O 电化学甲醛探测器（如图），传感器采用瑞士 MEMBRAPOR AG CH2O/C-10。

（3）由于采样数据受当时温湿度、仪器差异和环境差异影响，以上数据范围为参考值。

我们通过对国内 100 多家三级甲等医院病理科空气处理的调研和比较，其中一种采用"定点下送布气、粒子动态降解、整体中下回风、空气品质自动调控"的空气处理系统，是反馈效果最好的，且所调研的医院当中，90% 采用此种方式。因而在本病理科的设计和施工中采用了此种方式。

病理科空气处理系统是一个集成了平面布置、暖通、电气、智能控制以及末端设备的大系统。按照常规的专业进行工作分配，无法达到系统的最优化，这是一个需要通盘考虑的系统，我们借助了 BIM 技术克服了很多以往会耗费很多精力才能解决的问题。

2.2 BIM 在病理科空气处理系统中能解决的问题

2.2.1 利用 BIM 模拟技术防止污染渗透和保持浓度平衡

很多人觉得，病理科气味大，需要靠排风来解决这一问题，只要风量足够大，一定能把异味带走。但是日积月累的污染物残留通常会渗透到墙面、天花板、实验家具甚至工作服表面，难以彻底清除。房间使用时间越久，污染渗透越严重，乃至浓度超标。单一的通风不能使病理实验室重污染区域室内空气质量达标。单一手段的排风只会使室内污染物浓度达到一个质量平衡状态（费克第二定律），并不能完全排出污染物。单一排风越大，污染浓度散发越快，只能达到污染平衡，无法在工作状态中彻底去除。借助 BIM 技术，我们通过气流模拟印证发现，单一的排风只会让气体扩散范围更大。而采用了空气处理系统技术的模拟中，我们发现，污染气体循着单一的气流方向进行流通，在新风和排风之间形成了一个气流环路，污染气体不再扩散。

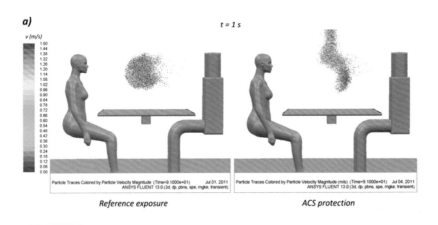

气流模拟

2.2.2 利用 BIM 模型的参数化防止污染扩散和保证负压

调研中发现，个别医院虽在病理科中设计了新、排风，但风量及换气次数等只能等同于普通病房门诊，远不能达到病理科的特殊要求，达不到预期效果。如果由于污染区的气流未得到适当的控制，实验室走廊和其他办公室经常会侵入污染气体。可能造成更大范围的污染气体浓度超标。病理科实验室区内有很多特型的设备仪器需要做针对性的空气处理，需要为设备配置的排风量很大，相应的送风也就很大，往往远超房间的换气次数。为了防止污染气体外流，病理科实验室内均应考虑为负压，防止污染空气扩散。通常来讲，负压的实现即排风量大于送风量，但是由于病理工作的流程中，为了节能的考虑会在使用完毕之后对一部分通风设备进行关闭或者风量调小的操作。排风量的变小，会使得新风量也相应减少，但是室内还是应该要保证负压状态。这样对室内排风量和新风量的变量计算要求就变得很高，设计人员在设计过程中对数据的整体把握变得尤为重要，这么多的数据集成和分析带来了很多困扰。在施工调试时，调试人员要随时掌握的数据量也超级多，特别容易出错。BIM 技术有一个特点是模型的参数化，以往 CAD 均基于平面几何坐标进行绘图，图形特性主要体现在规格、图层等这些基本方面，模型信息无法直观体现。而 BIM 技术不局限于此，每个构件都对应有相对的规格、型号、参数等。这样，利用 BIM 技术，我们的设计及施工人员就可以直观地进行数据的分析和选型，不需要特意地记忆，而且还可以防止出错。

2.2.3　BIM 在智能离子控制系统中的应用

智能离子空气处理主机安装于送风管道，接收中控器指令，发射适量可反应性粒子群，例如：氧离子 O^{2-}，与空气中的 VOCs 和 PMx 反应很快。每个电离管单元由插入送风管道中的电离管和风管外带有高压变压器的底座组成。电离管为一玻璃管，内壁贴有一层金属膜，外壁套金属网格。金属膜和金属网格接通交变电压，在稳定的 2 800 V 高电压作用下形成 5 W 的电晕场，通过释放电子时产生的能量将送风管中的氧气激活为正负氧离子，进入室内后与空气中的挥发性有机物发生中和反应，打断碳氢键，碳氢元素氧化成对人体无害的二氧化碳和水，同时去除室内异味。房间内需配置空气流量传感器（VOC）和臭氧传感器，离子主机的电离强度由中控器决定，保证所产生的正负氧离子与室内空气反应适当，不会产生过多的氧离子，保证臭氧浓度不会超过设定标准。当臭氧传感器探测到外界其他臭氧源时，自动控制器会发生微弱的理想脉冲，将过多的臭氧转化为活性氧。

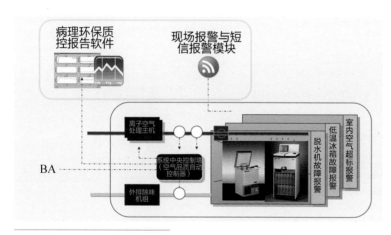

离子空气处理主机的控制原理

智能离子空气处理主机的工作原理适用于病理实验室的场景，但是如果不能对其实现精准的操作控制和系统监测反馈，会使得离子的作用效果减弱，更严重的会产生二次污染物威胁人员健康。

在整个空气处理系统中，安装有 6 种监测类传感器，分别落位于风管内、室内吊顶、室内墙壁等处，用于监测室内环境中各类数据，例如风管风速、室内甲醛和二甲苯浓度、室内 VOC 整体浓度、室内温湿度、室内臭氧浓度等，所有数据集中至中控器进行复杂计算，并在相应的浓度范围内对离子空气处理主机和室内排风、新风量进行动态控制，以确保室内空气质量一直处于达标状态。这就对系统布置和安装带来了不小的挑战，首先是所有传感器和设备的摆放位置，为了监测到环境内最符合实际需要的数据。例如，取材室内的甲醛浓度是最高的，室内需要安装甲醛浓度监测传感器，那么选择的安装位置是取材台上方吊顶的位置，但是通过 BIM 模拟实验我们发现，设备排风均为下排风，且送风与排风处在一环路中，在取材台四周气体浓度并不是最高的，反而是与其有一段距离的台面、地面等处，浓度相对偏高，故最终选择了在距离取材台 2 m 外的台面和墙壁上进行安装。

③ BIM 技术在病理科运维中的应用

在运维管理阶段中引入 BIM 技术，可以为各专业工作人员提供一个高效便捷的管理平台。

我们将病理科内传感器实时采集到的工程相关数据信息存储到数据库中，运维人员可以根据相关信息进行位置定位，并实时查询，同时可以更新相关数据，实现数据共享。这种长时间的连续监测，会在一段时间内生产一个室内空气质量报告，运维方会根据大数据分析提供出一套适合的、有计划的维保方案。以往病理科要求每年做一次室内空气质量检测，按要求，有检测资质的第三方检测之后会给予合格或者不合格的空气质量报告，但是其实这个检测报告只针对了某一天某一个时段内的空气质量，无法反映全年度的空气质量。采用 BIM 技术的运维系统可以避免这种流于形式的做法，做到常态化的监测和记录。并且，反馈出来的数据变化更有利于对系统生命周期的延续进行保障。

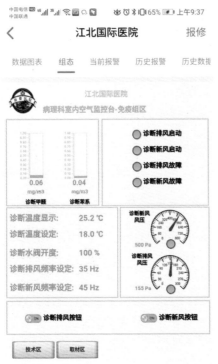

病理科运维动态监测平台

利用 BIM 判断工程的安全运行状况，将监测到的数据与系统预先设置的阈值比较判断，如果超过设定的安全值，系统将会触发预警，并进行相应的诊断和安全评估，一旦长时间超过安全值则会开始现场和远端的双报警，运维人员在后台就可以根据实际情况对系统进行关闭、重启、分析等操作，安全方便。

　　通过引入 BIM 技术，我们可以确定电气、暖通、自控等重要设施设备在建筑物中的具体位置，实现了运维现场的可视化定位管理，同时能够同步显示设备、设施的运维管理内容。以往的情况下，运维人员到现场后，发现根据二维图纸根本就找不到设备的位置，往往需要询问施工人员或者医院的建设者。应用 BIM 技术后，一个从未到过现场的运维人员也可以很轻松地找到相应设备，工作效率大增。

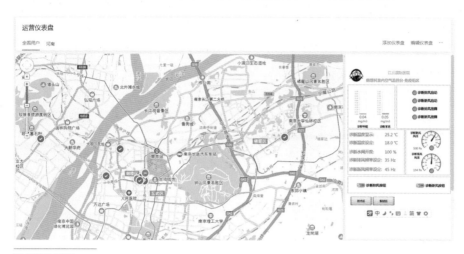

运维平台定位

4　BIM 技术在病理科建设中的应用价值

　　本次项目过程中，有类似项目可以参照学习，但是无法照搬使用一直是笔者最大的痛苦点，如果没有 BIM 技术的支撑，很有可能会出现使用"不顺手"的情况。

　　BIM 技术摆脱了传统二维图纸的局限性，通常情况下医护人员对平面图纸是不敏感的，看不懂平面图纸，但是通过 BIM 的技术实际展现，医护人员往往能够发现设计中存在的问题，这能省去很多建设完成后的各类修改和建设过程中的工程变更。

　　未来若加强 BIM 技术在协同设计中的重要性，利用 BIM 技术作为项目参与各方的中心整合点，优化设计方案、施工方案，那么其提前竣工后的时间成本价值非常可观。

5　视频漫游

（无锡菲兰爱尔空气质量技术有限公司　周　文　杨　鑫）

江苏省肿瘤医院

第十三章
放射治疗科

项目概况

江苏省肿瘤医院（南京医科大学附属肿瘤医院）放射治疗科历史悠久，创建于 1961 年 4 月 16 日，是国内最早从事肿瘤放射治疗的单位之一。经过 50 余年的发展，现已成为江苏省肿瘤放射治疗的临床、科研和教学中心。无论是规模、设备，还是技术水平都居国内先进行列。经过几代人的共同努力建设，科室下设普瘤 1 组（头颈、腹）、普瘤 2 组（胸）与妇瘤组 3 个放疗二级专科；设放射物理和放射生物 2 个实验室；设近距离治疗中心、放射治疗技术中心、放射治疗物理维修中心和放射治疗研究中心 4 个部门；设 6 个病区 310 张床位和日间病房 194 张，年平均收治放疗新病人近 6 000 人次。

科室放疗设备先进齐全，科室目前配备有外照射直线加速器 6 台、核通高剂量率 192Ir 近距离后装治疗机、核通常规 X 线模拟机、飞利浦大孔径 CT 模拟定位机、挡铅块制作设备及 Eclipse、Pinnacle、Monaco、放射性粒子植入计划系统等软件数十套以及放疗信息管理 ONIS 系统。放疗科可开展普通放疗、三维适形放疗、全身照射、调强放射治疗（IMRT）、容积弧形放疗（VMAT）、影像引导放疗（IGRT）、立体定向体部放射治疗（SBRT）、腔内近距离治疗、管内治疗、组织间照射、敷贴照射、3D 打印模板近距离治疗等，精准放疗比例达 90% 以上，在国内居于领先地位。

1 相关建设标准及规范

《放射治疗机房设计导则》（GB/T 17827-1999）
《医用电子加速器性能和试验方法》（GB 15213-2016）
《医用电子加速器卫生防护标准》（GBZ 17827-1999）

2 本项目设计特点与亮点

2.1 特点

　　放射治疗是利用电离辐射治疗疾病的临床医学专业，是目前常用的恶性肿瘤治疗的重要手段之一。常用的放射治疗设备有直线加速器、后装治疗机、术中放疗机等，这些设备都具有放射性。为了避免放射性影响，这些设备都应设在独立的建筑物中，并按放射性物质防护。其中后装治疗室包括治疗机房、操作室、配合间、更衣室等；直线加速器治疗室包括治疗机房、控制室、操作室和更衣室等。

　　其中放射治疗机的自重大，体积大，防护墙体厚重，一般放在楼层底层或地下，并应符合国家现行有关防护标准的规定，将治疗机房集中设置，自成一区。同时 Co-60 治疗室、加速器治疗室、γ刀治疗室及后装机治疗室的出入口应设迷路，且线束照射方向应尽可能避免照射在迷路墙上。防护门和迷路的净宽均应满足国家现行有关后装γ源近距离卫生防护标准、γ远距治疗室设计防护要求、医用电子加速器卫生防护标准、医用 X 射线治疗卫生防护标准等的规定设计要求。

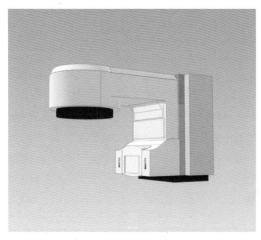

名称：直力加速器
型号：AXESSE
使用部位：放疗科
制造商：Elekta
几何尺寸：2 000 mm×3 800 mm×2 500 mm
材质：合金
技术参数：微波功率源：采用控管或速调管　微波输出功率≥2.5 MW　微波功率传输系统：采用四端或以上的环流器　高压调制系统：采用 PLC 程控方式，独立分体式结构射线束流指标 X 能量≥6 MV X 线 最 大 剂 量 深 度：SSD=100 cm；10 cm×10 cm 射野：6 MV：（1.5±0.2）cm X 线百分深度剂量：水下 10 cm，SSD=100 cm：10×10 cm 射野 6 MV: 67.0%±2.0% X 线射野尺寸：0.5x
应用案例：省肿瘤医院

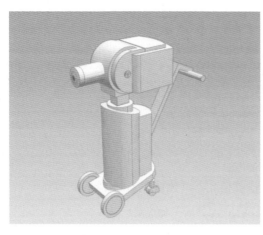

名称：后装机
使用部位：近距离治疗中心
几何尺寸：650 mm×300 mm×1 050 mm
材质：金属
应用案例：江苏省肿瘤医院

2.2　亮点

放射治疗部分因涉及同位素及高能射线，应设置在相对偏僻的独立地段，自成一个区域，位于放疗中心综合楼，整体布局为"回"字形。同时为了门诊和住院患者使用上的方便，设在门诊、住院部之间的适当位置，与门诊、住院形成有机联系。

■ 功能分区

放疗科应设治疗机房（后装机、直线加速器、γ刀等）、控制中心、模拟定位室、物理计划室、制模室、模具间、医生诊室及候诊处、医生办公室、卫生间、更衣室（医患分流）、污洗和固体废弃物存放处等用房；可设会诊室和值班室等用房。

一楼包括放疗中心控制中心（导诊台、收费登记处）、医生诊疗室和候诊处、物理计划室等。

二楼包括医生办公室、实验室以及会议室等。

三楼及以上为各病区放疗病房。

地下一层包括CT和MRI模拟定位室、制模室和新模具储存室以及治疗师值班更衣室等。

地下二层包括治疗机房及模具储存室（已制模及废弃模具）等。

其中以标准模块单元建造治疗机房，每个模块包括治疗机、治疗机后机房、防护迷路、防护门及防护墙（满足国家防护标准）、操作室、病人更衣准备室等。

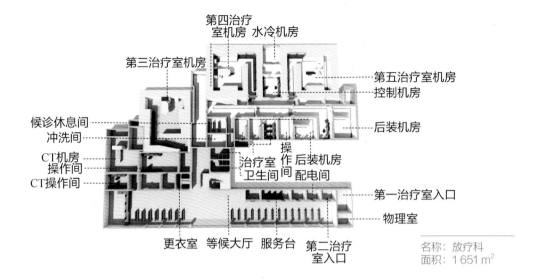

名称：放疗科
面积：1 651 m²

■ 各功能区间的配合

　　主医疗区采用集中模块的布局方式，功能衔接顺畅、组织紧凑有序，医疗流程简短便捷，大大缩短了就医流线。并按照放疗就医和治疗区域集中分层，实现初步问诊患者和正式接受治疗患者的候诊分流，避免混乱和拥挤。

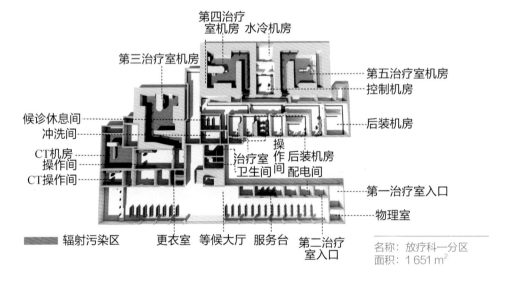

■■■ 辐射污染区

名称：放疗科一分区
面积：1 651 m²

■ 人员流线

　　（1）病人流线：新病人挂号后，在一楼候诊区等待接受医生问诊，确定治疗后前往控制中心进行治疗收费登记，并预约制模及模拟定位的时间。在地下一楼完成制模及定位后，需等待几天时间，在物理计划完成后由医生通知前往机房进行体位复核及正式接受治疗。

（2）医护流线：医生主要工作包括诊疗病人、日常查房以及与物理师共同制定物理计划。护士则主要在各病区里工作。放射治疗师则根据制模、定位、复核及治疗等流程每日在各自的模块区域内工作，无需游走。

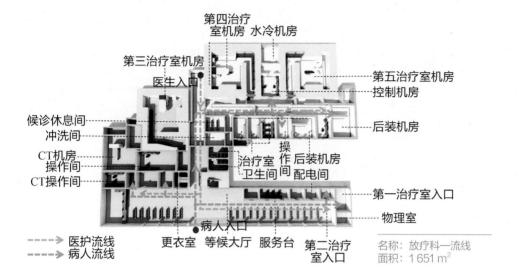

名称：放疗科一流线
面积：1 651 m²

■ 货物流线

放疗科主要运输及储藏的物品为放疗模具及医疗废物，其中模具分为新模具和已制模模具。新模具存放于制模室内置模具间，方便制模时取用；已完成制模的病人模具则将单独存放于治疗机房区域内的模具存储间内。

单独设立货物及医疗废物运输电梯，与通用载人电梯分离，分居楼层两角，方便货物运输且同时减少交叉感染的风险。

3　视频漫游

（江苏省肿瘤医院　孙　丽　任　凯　游颖骏
东南大学建筑设计研究院有限公司　吉英雷）

南京鼓楼医院江北国际医院外立面效果图

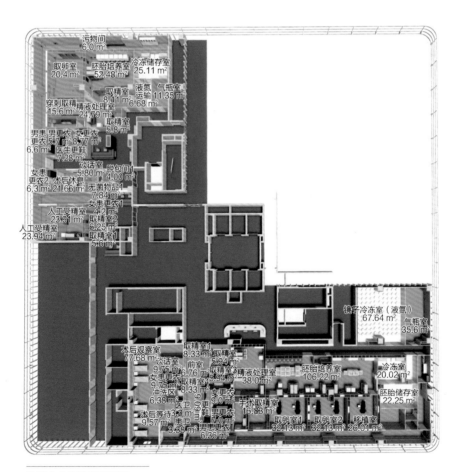

生殖中心实验室平面图

第十四章
生殖中心实验室

项目概况

南京鼓楼医院江北国际医院生殖中心实验室净化工程位于医院 B 楼，根据功能需求和承担的不同工作任务分为五大区域，分别是：位于 10 楼的男科实验室区域、宫腔镜手术室区域和位于 11 楼的人工授精实验室区域、IVF-ET（VIP）（体外受精-胚胎移植）实验室区域和 IVF-ET 实验室区域，本工程建筑面积约为 2 020 m²。

南京鼓楼医院生殖医学中心孙海翔教授作为行业的领军人物，其实验室也具有引领行业发展的特点，基本成了行业内的样板工程和风向标。

生殖中心实验室是一个缔造生命的实验室，在这个实验室内将卵子和精子都拿到体外，让它们在体外人工控制的环境中完成授精，然后把受精卵放在培养箱内培养，形成早期胚胎后再植入母体中。在这个特殊的体外培养过程中，除了对环境空气中的尘埃粒子数、细菌总数、温度、湿度、噪声、照度、气压差、换气次数等常规指标有要求外，同时还对振动、挥发性有机化合物（VOC）的含量，电源的供给方式、照明方式、灭菌方式，气体的纯度、稳定性、安全性、可靠性等有着较高和较特殊的要求，风速和照度的要求也有别于其他洁净室。

洁净区域划分为：

（1）十万级净化区域：人工授精室，人工授精实验室，胚胎储存室；

（2）一万级净化区域：取卵室，移植室，冷冻室；

（3）一千级局部百级净化区域：精液处理室，胚胎培养室。

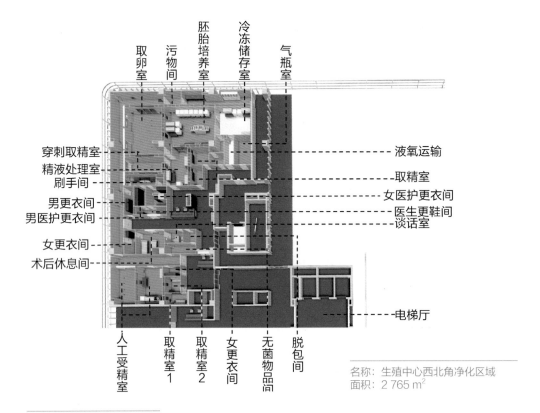

名称：生殖中心西北角净化区域
面积：2 765 m²

生殖中心西北角净化区域

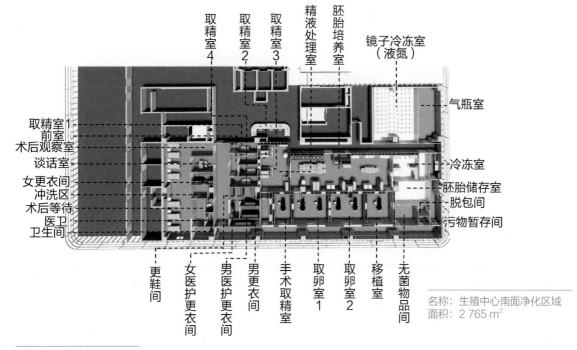

名称：生殖中心南面净化区域
面积：2 765 m²

生殖中心南面净化区域

1　设计理念

（1）布局合理，工艺流畅，经费节俭，检测优良，最大限度地降低运转成本。

（2）工程范围内的设计、施工工艺、设备及材料的选择都具有先进性、环保型，满足现代化医院的使用要求。设备及工艺的安排具有先进性、环保型、高可靠性、实用性、可操作性、经济性与合理性。

（3）信息化、智能化程度高，实现了患者从信息录入到身份核对、标本确认等全过程的人性化体验，同时对提供实验室运行的相关设备进行实时监测，保证实验室管理的安全性和可靠性。

（4）全部技术指标，包括设备、材料、包装、运输、安装、调试、维修等各项目技术参数均符合和高于国家规范的相关要求。

2　各系统工程技术要求

2.1　建筑装饰主要工程技术要求

系统设计总体要求：

建筑装饰应遵循不产尘、不积尘、耐腐蚀、防潮防霉、容易清洁和符合防火要求的总原则，同时应根据生殖中心的特点，创造一个温馨舒适的环境。

生殖中心洁净走道效果图

2.1.1　模块化电解钢板的选择与制作

（1）本工程实验室区域的墙体和天花板在符合总体设计要求及有关规范的前提下，采用目前最先进的模块式挂板结构技术（方便安装过程中位置的调整和今后的检修），内衬石膏板，所有钢板在业主确定颜色后均在厂里喷塑着色，并经高温固色，增强了钢板的色牢度，减少了钢板本身 VOC 的含量与挥发。

（2）选用钢板厚度不小于 1.2 mm，天花板吊顶要求能上人安装和检修，所有阴、阳角都必须有倒角半径 $R \geqslant 50$ mm 的圆角过渡。

（3）所有钢板的衬板均在厂里制作时完成粘贴，增强了钢板的运输强度，减少了施工现场 VOC 的挥发。

（4）门、窗、传递窗、显示器等较大尺寸的空洞及所有开关、插座的空洞均须在制作时由等离子或激光切割完成预制，避免了现场切割造成的二次污染和 VOC 的残留。

2.1.2　地面材料的选择

在生殖中心实验室的建设中，地面材料的选择非常重要，它有别于手术室等其他洁净室的建设，但这往往是容易被忽略的问题。选择什么样的地胶板、选择什么样的辅材将决定实验室环境中有害挥发性化合物的挥发与残留程度，从而决定了胚胎培养环境的优劣。

（1）选用进口、优质、抗静电、免维护复合型 PVC 地胶板（厚度不小于 2.6 mm）铺设，具有良好的环保、防滑、阻燃、耐磨、吸音、抗静电、耐腐蚀、易清洁性能，自流平、胶黏剂、界面剂等辅材均选用德国进口"汉高"或"优成"牌辅材。

（2）胚胎储存室、冷冻储存室、液氮运输室、精子冷冻室在铺设完 PVC 地胶板后再在上面铺设一层厚度 $\geqslant 1.2$ mm 的 SUS304 防滑型不锈钢板，拼缝采用银焊，保证拼缝光洁平滑，与墙体之间由圆弧过渡。

2.1.3 门

（1）主要入口及有关功能间的门均使用医用感应式电动平移门（并采用了嵌入式安装方式，整个门体与墙体平齐），并同时具有脚感应、电动、手动三种开启方式，带延时关闭功能，遇到障碍物自动退回，运行速度可作调校。更鞋、缓冲等功能间的电动平移门除具备以上功能外还加设指纹门禁，并能与感应系统自由切换。门体采用与墙板同质的材料，聚氨脂发泡充填，SUS304 不锈钢包边（包边宽度 ≤ 15 mm），带双层玻璃观察窗。

（2）11 楼净化区内所有平开门均选用德国"霍曼"牌成品钢质门。

（3）所有风淋室两侧均安装内置式感应密闭移动门，同时具有脚感应、电动、手动三种开启方式，二门连锁，并具有单向自动工作模式（材料与主材同质）。

（4）所有不锈钢包边均需采用刨槽技术，使得包边挺括、平直。

2.1.4 窗

本工程所有的密闭窗均为钢制双层钢化玻璃固定密闭窗，玻璃夹层采用防雾化处理。

2.1.5 百级净化工作台

本工程所需的成品百级净化工作台均按照使用方要求量身定制，操作空间大，噪声低，恒温台面温度稳定可控。

2.1.6 低温百级净化工作台

低温百级净化工作台是在孙教授的指导下研发完成的配液专用产品，不仅满足常规百级工作台的各项性能，同时可以实现百级工作台操作腔体内 4~10 ℃ 的低温状态，并且可控，避免了温湿度的流失，保障了培养液 pH 值的稳定性。

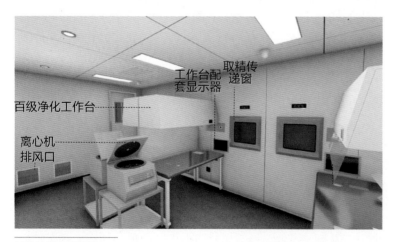

精液处理室效果图

2.1.7 传递窗

本工程取卵室、移植室内均安装了不锈钢手感应恒温传递窗。该传递窗是在孙教授的指导下专门为鼓楼医院定制的，由 SUS 304 不锈钢拉丝板制作，传递窗两侧均能独立实现手感应开门，门体在开启运行中安全、平稳、无噪音，运行中遇到障碍物即停止或自动返回，传递窗腔体内可以保持恒温转态，温度误差为 ±0.1℃，两侧门体均安装钢化玻璃观察窗。

2.1.8　活动隔断

（1）外层材料与墙体一致。

（2）开合自如，且不能影响和改变隔断两侧功能间的气流方向和对外、对内压差。

（3）下端无导轨，上端导轨隐蔽。

2.1.9　医用气体部分

生殖中心实验室对气体的安全性、稳定性、纯度的要求很高，需要 99.999% 才能达到理想要求，目前国内同行业中大多数实验室医用气体管道使用的是铜管或硅胶管，随着使用时间的推移，铜管受到空气中"氧离子"的侵蚀，产生了氧化铜，硅胶管也逐渐老化，氧化铜等物质随着医用气体进入培养箱内，会影响胚胎的正常培养与发育。因此 S316LBA 级的无缝不锈钢管成为理想的选择。

（1）本工程使用了美国捷锐全自动气体切换汇流排。

（2）所有减压阀、压力表、终端等气体设备均为不锈钢材质，品牌为美国捷锐。

（3）所有气体管道均为 S316LBA 无缝不锈钢管。

（4）管道之间的焊接均为全自动无缝焊接。

（5）所有气体终端均符合 DIN 标准，终端表面颜色应符合国际通用标准；气体终端插头为快速插拔自闭型，可实现单手操作，各种气体输出口接头不得有互换性，插拔次数应 20 000 次以上，输出口能带气维修。

（6）由于实验室高纯度氮气使用量较大，为了节约成本，保障氮气的纯度，本工程在 11 楼的两个 IVF-ET 实验室分别安装了英国进口的 Parker 牌 HPN 2-5000C-E 型氮气发生器（共计 3 台），保证了气体的质量和安全性。

胚胎培养室效果图

（7）为保障气体使用的安全性，本工程加装了气体超、欠压报警装置。

（8）为保障实验室使用人员的安全性，本工程在氮气使用频繁的区域（如胚胎储存室）安装了氧气浓度检测仪并与小型新风系统做了连锁，保证了实验室区域空气中的氧气浓度满足要求。

2.1.10　密封材料的选用

本工程所有板面缝隙均须使用进口硅胶经专门调色、调制后填缝密封。

2.2　净化空调及控制系统工程技术要求

2.2.1　整体要求

选用节能环保的空气净化系统和合理的气流组织模式，各净化区应按《医院洁净手术部建筑技术规范》（GB 50333—2013）规范的要求设置其相对邻室的气压，以保持洁净室的级别及无菌净化要求，并使洁净区处于受控状态。

2.2.2　净化空调系统配置总体原则

（1）各功能区操作灵活，使用时互不干扰，运转时节约成本，既要保证工作状态下各功能间的洁净度符合规范及设计要求，又要保证各主要功能间在非工作状态下的理想温度。

（2）本净化工程核心区共设置了13个独立的净化空调系统，其中11个为生殖中心实验室的主净化空调系统，保证了医技人员工作状态下理想的洁净度和温湿度；2个为值班空调机组，保证医技人员非工作状态下各重点实验室室内的理想温湿度。

（3）本工程核心区空调系统均选用目前世界领先的数码变容量技术，保证了使用区域节能环保和温湿度的稳定性。

（4）同时在两个胚胎实验室的空调系统上分别加装了一台美国进口的LifeAire超净过滤系统，保证了进入核心实验室区域空气的洁净度，大幅减少了TVOC（总挥发性有机化合物）。

2.2.3　净化系统的控制

每套空调系统均需分两处控制：一处安装在该空调系统的动力控制柜上（控制柜上带"启停"按钮和显示指示）；一处安装在对应功能间内，由PLC液晶面板控制器控制。

2.2.4　气流组织设计要求

各系统的气流组织形式主要为顶送、侧回排的方式，保证了各功能间气流流向的均匀，从而确保了各功能间的洁净度、温湿度处于受控状态，消除了洁净死角。

2.2.5　冷热源配置系统设计要求

所有空调系统全年冷热源由数码变容量恒温恒湿机组提供。

2.2.6　净化空调系统主要设备材料技术、质量要求

（1）组合式洁净空气处理机组

a. 空调选型为进口或中外合资优质品牌产品，要求质量稳定，有良好的售后服务。

b. 空气处理机组功能段要求：混合段 + 活性碳吸附段 + 初效过滤段 + 直膨机盘管段（表冷段）+ 电加热 + 电热加湿段 + 风机段 + 均流段 + 中效过滤段 + 出风段。

c. 机组采用 50 mm 厚度双面板框架结构，密封性好，保证机组内静压 1 000 Pa 时的漏风率少于 1%，风机段做消声处理。

d. 加湿方式：选用电热式加湿方式。

（2）高效过滤器

a. 用无隔板式结构、玻璃纤维滤纸。

b. 采用一体注塑无接缝聚氨酯密封垫、聚氨酯密封胶。

c. 要求每个过滤器出厂前均应经过效率及检漏测试，并能提供独立的检测报告。

2.3　电气工程

生殖中心内走道效果图

（1）　系统设计要求

a. 生殖中心实验室必须采用双电源供电，精液处理室、胚胎实验室、取卵室、移植室、手术取精室、人工授精室、人工授精实验室内用电应与其他辅房用电分开，干线必须单独敷设。

b. 照明宜采用吸顶式 LED 专用净化灯具，禁用普通灯带代替，灯带必须布置在送风口之外。

c. 应设置安全保护接地系统和等电位接地系统。

d. 应采用阻燃及阻燃以上级别电缆、电线。

e. 电缆、电线、桥架、套管等材料选材及敷设要符合设计规范标准。

f. 所有取精室皆需设置工作状态指示，并与导诊台串联。

（2）本工程的照明灯具全部使用了超薄型 LED 洁净灯具，并根据各功能间的特点和要求选择了不同的色温（6 000 K、4 000 K）。

（3）所有开关、插座、电话终端、网络终端均选用施耐德产品并根据本实验室的特色选择款型和颜色，所有电气元器件均选用施耐德或西门子产品，既保证了用电的安全可靠又保证了实验室的先进性。

（4）为保障胚胎培养的安全性和电压、电流的稳定性，本工程还专门配置了两台不间断电源（UPS）。

2.4　弱电系统工程技术要求

2.4.1　系统设计总体要求

所有设备及管线的采购、敷设均应符合国家电气、消防施工等相关技术规范要求。

2.4.2　背景音乐系统

实验室各主要功能间设置背景音乐天花喇叭，同时设置背景音乐系统音量控制开关。

系统采用有线定压传送、分区控制方式。

系统音质清晰，灵敏度高，频响范围广，失真度小。

系统主机设备设置于导诊台（或护士站），系统通过 DVD 机可连续播放各种格式的音乐文件，通过话筒可实现分区寻呼、广播找人、发布消息等功能。

该系统包含天花喇叭、音控器、带前置广播功放、十分区矩阵、分区寻呼器、话筒等，采用进口或优质合资品牌产品。

2.4.3　计算机网络系统

（1）根据实验室各功能间的特点及使用要求设置六类网络终端（插座）。

（2）本系统所有布线预留至弱电间，由招标方接入该层数据配线架并与主计算机网络信息系统连接，网络系统主机设备由建设单位提供。

（3）网络系统布线应采用六类非屏蔽电缆，其传输性能应符合 TIA/EIA 568B.2 六类标准。

2.4.4　电话系统

根据实验室各功能间的特点及使用要求设置电话终端（插座）。

电话系统所有布线预留至弱电间，由招标方负责接入该层语音配线架并与院内电话系统连接，电话系统主机设备由建设单位提供。

电话系统布线应采用六类非屏蔽电缆，其传输性能应符合 TIA/EIA 568B.2 六类标准。

2.4.5　监控系统

（1）系统结构

视频监控系统前端采用模拟摄像机，通过视频同轴电缆将模拟视频信号传输到弱电井的硬盘录像机上。

视频监控系统

在各个弱电机房设置硬盘录像机进行录像存储。

采用嵌入式网络硬盘录像机（DVR）进行 7 天 ×24 小时录像；DVR 通过内部硬盘进行录像资料的存储。录像时间不少于 30 天。

硬盘录像机利用网络端口将视频数据压缩，转发给主任办公室的视频工作站，视频工作站上具有实时和存储图像显示调用、DVR 图像查询功能。

（2）系统功能

视频监控系统实现安全监控功能。安全监控包括取卵室、移植室、精子处理室、冷冻室、胚胎培养室、主走道等区域安全管理监控。

系统应该支持系统管理员定义用户的级别，限制用户对于特定摄像机或者特定系统功能的使用权限，例如图像显示、历史图像回放或者配置权限。

（3）系统故障维护管理功能

集成管理系统可以提供多种方式来实现综合安防系统（包括所有集成系统）终端设备维护管理。

2.4.6　信息化

本工程根据生殖中心的特点和医患流程在区域入口、功能间分别安装了指纹门禁和身份核对系统，在主要相关区域安装了信息发布系统，实现了患者从信息录入到身份核对、标本确认等全过程的人性化体验，减少了医务人员的工作量和差错率。

门禁系统

　　南京鼓楼医院江北国际医院生殖中心净化实验室就是针对生殖中心的特点，在满足以上所提各点的情况下力争创造一个优质、给力的实验室环境，从而将实验室建成一个科学化、国际化、现代化、人性化、智能化、信息化的科研及工作平台，培养出更多、更健康、更聪明的宝宝。

3 视频漫游

（江苏精实新环境工程有限公司　赵上寿）

南京市第一医院

第十五章
核医学科

　　核医学科利用核科学技术和手段对疾病进行诊断和治疗，是现代医学的主要手段之一。核医学科是医院主要医技科室之一，主要利用 SPECT-CT（single-photon emission computed tomography，单电子发射计算机断层成像术）、PET-CT（positron emission tomography，正电子发射断层成像术）、PET-MR 等大型检查设备开展核医学检查项目，是辅助临床科室对疾病做出正确诊断的有效手段之一。核医学科同时也可以开展核素治疗项目，利用放射性同位素（如 131_I）对疾病（如甲亢、甲癌）进行治疗。

项目概况

　　南京市第一医院核医学科位于南京市第一医院本部 5 号楼（长乐路 68 号），科室近年来引进了先进的影像诊断设备与技术，一楼配备 SPECT-CT、PET-CT、PET-MR 等现代化的设备，更是加强了"精准医疗"的理念。二楼主要是核素治疗病区，开展甲状腺功能亢进、甲状腺癌、前列腺癌、神经内分泌肿瘤、骨质疏松症等疾病的治疗。三楼是核医学实验室区域，配备小动物 PET-CT、正电子计数器、HPLC 等科研设备，用于核医学药物的研发与质控。

核医学科

① 核医学科平面布局和分区

在医疗机构内部区域选择核医学场址时，应充分考虑周围场所的安全，尽可能做到相对独立布置或集中设置在建筑物的底端或一层，有单独出、入口，不得毗邻产科、儿科、食堂等部门。

（1）核医学工作场所按照功能设置可分为诊断工作场所和治疗工作场所，布局可参考下图。其功能设置要求如下：

a. 对于单一的诊断工作场所应设置给药前患者候诊区、放射性药物贮存室、分装及（或）药物准备室、给药室（或注射室）、给药后患者候诊室、（质控或）样品测量室、控制室、机房、留观室、给药后患者卫生间和放射性废物储藏室等功能用房；

b. 对于单一的治疗工作场所应设置放射性药物贮存室、分装及药物准备室、给药室、病房（使用非密封源治疗患者）或给药后留观室、给药后患者专用卫生间、值班室和急救室等功能用房；

c. 诊断工作场所和治疗工作场所都需要设置清洁用品储存场所、员工休息室、护士站、更衣室、卫生间、去污淋浴间等辅助用房，并设置放射性废液衰变池；

d. 对于综合性的核医学工作场所，部分功能用房和辅助用房可以共同利用；

e. 正电子药物制备工作场所应包括4个功能区域：回旋加速器机工作区、药物制备区、药物分装区及质控区。

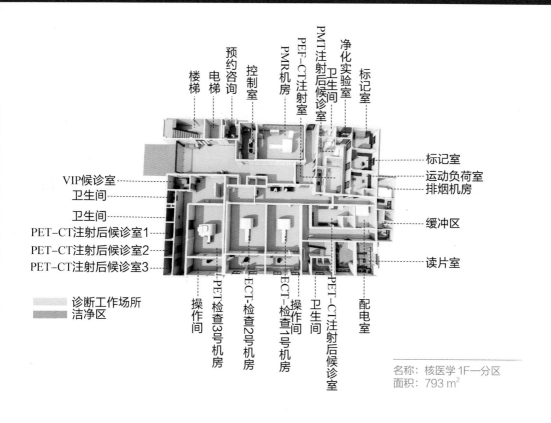

名称：核医学 1F一分区
面积：793 m²

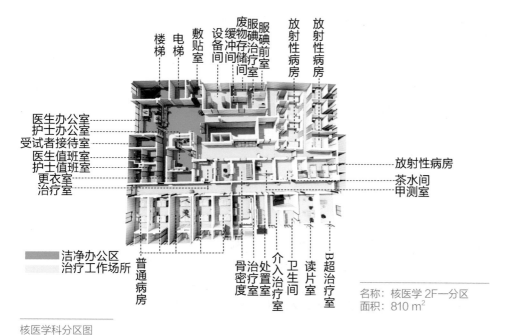

名称：核医学 2F一分区
面积：810 m²

核医学科分区图

（2）核医学工作场所应划分为控制区和监督区。控制区一般包括使用非密封源核素的房间（放射性药物贮存室、分装及/或药物准备室、给药室等）、机房、给药后候诊室、样品测量室、放射性废物储藏室、病房（使用非密封源治疗患者）等。对于在非核医学科住院，施用放射性药物的患者，在使用治疗量发射 γ 射线的放射性药物后，患者床边 1.5 m 处区域或单人病房应划为临时控制区，除医务人员外，其他无关人员不得入内，患者也不能随便离开该区。监督区一般包括控制室、清洁用品储存场所、员工休息室、更衣室、医务人员卫生间、去污淋浴间等。应根据《电离辐射防护与辐射源安全基本标准》（GB 18871-2002）的有关规定，结合核医学科的具体情况，对控制区和监督区采取相应管理措施。

（3）核医学工作场所平面布局设计应遵循如下原则：

a. 使工作场所的外照射水平和污染发生的概率达到尽可能小；

b. 保持影像设备工作场所内较低辐射水平以避免对影像质量的干扰；

c. 在核医学诊疗工作区域，控制区的入口和出口应设置门锁权限控制和单向门等安全措施，限制患者的随意流动，保证工作场所内的工作人员和公众免受不必要的照射；

d. 在核医学科患者和工作人员出口处应设计卫生通过间，并进行表面污染监测。

（4）核医学工作场所的布局应有助于开展工作，避免无关人员通过。治疗区域和诊断区域应相对分开布置。根据使用放射性药物的种类、形态、特性和活度，确定核医学治疗区（病房）的位置及其放射防护要求，给药室应靠近病房，尽量减少放射性药物和已给药治疗的患者通过非放射性区域。

（5）通过设计交通模式来控制辐射源（放射性药物、放射性废物、给药后患者）的活动，应设立工作人员、患者和放射性药物与废物双通道或三通道，患者通道和工作人员通道应尽量避免交叉，减少给药后患者对其他人员带来的辐射污染。合理设置放射性物质运输通道，便于放射性药物、放射性废物的运送和处理，便于放射性污染的清理、清洗等工作的开展。

（6）正电子药物制备场所，应合理规划工作流程，使放射性物质的传输运送最佳化，减少对工作人员的照射。回旋加速器室、药物制备室及分装区域的设置应便于放射性核素及药物的传输，并便于放射性药物从分装室至注射室间的运送。

（7）应通过工作场所平面布局的设计和屏蔽手段，避免附近的辐射源（核医学周边场所内的辐射装置、给药后患者）对诊断区设备成像、功能检测的影响。

② 放射防护措施要求

（1）应依据计划操作最大量放射性核素的加权活度对开放性放射性核素工作场所进行分类管理，把工作场所分为 Ⅰ、Ⅱ、Ⅲ 三类。不同类别核医学工作场所用房室内表面及装备结构的基本放射防护要求见下表。

（2）核医学工作场所的通风按要求。应保持核医学工作场所良好的通风条件，合理设置工作场所的气流组织，遵循自非放射区向监督区再向控制区的流向设计，保持含放射性核素场所负压以防止放射性气体交叉污染，保证工作场所的空气质量。合成和操作放射性药物所用的通风橱应有专用的排风装置，操作口风速不小于 1 m/s，排气口应高于本建筑物屋顶。挥发性放射性核素的排风装置，应酌情设置活性炭或其他专用过滤装置，排出空气浓度不应超过有关法规标准规定的限值。

（3）分装药物操作应采用自动分装方式，131I给药操作宜采用自动或遥控给药方式。

不同类别潜在风险核医学工作场所用房室内表面
及装备结构的基本放射防护要求

种类	分类		
	I	II	III
结构屏蔽	需要	需要	不需要
地面	与墙壁接缝无缝隙	与墙壁接缝无缝隙	易清洗
表面	易清洗	易清洗	易清洗
分装柜 a	需要	需要	不需要
通风	特殊的强制通风	良好通风	一般自然通风
管道	特殊的管道 b	普通管道	普通管道
盥洗与去污	洗手盆和去污设备	洗手盆和去污设备	洗手盆

注：
a：仅指实验室。
b：下水道宜短，大水流管道应有标记以便维修检测。

（4）核医学工作场所应设有放射性废液衰变池，以存放放射性污水直至符合排放要求时方可排放。放射性污水衰变池的容积应充分考虑事故应急时的清洗需要。暴露于地面的污水管道应做好防护设计。废原液和高污染的放射性废液应专门收集存放。

（5）控制区的入口应设置规范的电离辐射警告标志及控制区的指示标志；在监督区入口处的适当地点设立标明监督区的标志。

（6）控制区的入口和出口应设置单向门禁措施，场所中相应位置应有明确的患者导向标识或导向提示。

（7）给药后患者候诊室、扫描室应配备监视设施或观察窗和对讲装置。回旋加速器机房内应装备应急对外通信设施。

（8）应为放射性物质内部运输配备有足够屏蔽的储存、转运等容器。容器表面应设置电离辐射标志。

（9）机房外防护门上方应设置工作状态指示灯。

（10）回旋加速器机房内、药物制备室应安装固定式剂量率报警仪。

（11）回旋加速器机房应设置门机连锁装置，机房内应设置紧急停机开关和紧急开门按键。

（12）回旋加速器机房的建造应避免采用富含铁矿物质的混凝土，避免混凝土中采用重晶石或铁作为骨料。不带自屏蔽的回旋加速器机房的特殊防护措施如下：

　　a. 在靶区周围采用"局部屏蔽"的方法，吸收中子以避免中子活化机房墙壁；

　　b. 机房墙壁内表面设置可更换的衬层；

　　c. 选择不易活化的混凝土材料；

　　d. 在混凝土中添加含硼物质。

（13）回旋加速器机房电缆、管道等应采用 S 型或折型穿过墙壁；在地沟中水沟和电缆沟应分开。不带自屏蔽的回旋加速器应有单独的设备间。

③ 工作场所的防护水平要求

　　（1）核医学工作场所控制区的用房，应根据使用的核素种类、能量和最大使用量，给予足够的屏蔽防护，在距机房屏蔽体外表面 0.3 m 处的周围剂量当量率控制目标值应不大于 2.5 μSv/h。核医学工作场所的分装柜或生物安全柜，应采取一定的屏蔽防护，以保证柜体外表面 5 cm 处的周围剂量当量率控制目标值应不大于 10 μSv/h。自屏蔽回旋加速器机房的屏蔽计算方法由回旋加速器在所有工作条件下所产生中子的最大通量（取决于加速器的类型、能量、粒子类型以及使用的靶等）决定。

　　（2）应根据使用核素的特点、操作方式以及潜在照射的可能性与大小，做好工作场所监测，包括场所周围剂量当量率水平、表面污染水平或空气中放射性核素浓度等内容。核医学使用单位应在每天放射性药物操作后进行剂量率水平和表面污染水平的自主监测，每年应委托有相应资质的放射卫生技术服务机构进行状态检测。核医学工作场所的放射性表面污染控制水平见下表。

核医学工作场所的放射性表面污染控制水平　　　　　　　　（单位：Bq/cm²）

表面类型		α 放射性物质		β 放射性物质
		极毒性	其他	
工作台、设备、墙壁、地面	控制区[a]	4	4×10	4×10
	监督区	4×10^{-1}	4	4
工作服、手套、工作鞋	控制区 监督区	4×10^{-1}	4×10^{-1}	4
手、皮肤、内衣、工作袜		4×10^{-2}	4×10^{-2}	4×10^{-1}

注：

a. 该区内的高污染子区除外。

4 核医学科相关标准与指南

《电离辐射防护与辐射源安全基本标准》（GB 18871—2002）

《临床核医学卫生防护标准》（GBZ 120—2006）

《操作非密封源的辐射防护规定》（GB 11930—2010）

《医用放射性废物的卫生防护管理》（GBZ 133—2009）

5 视频漫游

（南京市第一医院 张文琦 李 瑾 孟庆乐 郑 炎）

南京市儿童医院

第十六章
感染疾病科

项目概况

　　南京市儿童医院河西院区建设项目位于江东南路与友谊街交叉口东北侧，项目总用地面积 5.53 万 m²，总建筑面积 16.8 万 m²，整个新院区主要包括以下几部分：门诊楼（高四层）、医技及病房楼（高十二层）、综合楼（高六层）及感染楼（高四层）。其中感染楼位于医院的东北角，建筑面积 5 656 m²，地上 4 层，首层设有发热门诊、肠道门诊和手足口病门诊，二层病区收治感染性呼吸系统疾病患儿，三至四层病区收治手足口病患儿。每个病区有床位 38 张（含重症监护床位 5 张），患者主要出入口位于感染楼西北侧、东北侧和东南侧，职工出入口位于西南侧，互不交叉。感染楼东西方向长 66.4 m，南北方向宽 21.3 m，距离西侧最近处综合楼约 25 m。

1 相关设计规范及标准

（1）《传染病医院建筑设计规范》（GB 50849—2014）

（2）《卫生部关于二级以上综合医院感染性疾病科建设的通知》（卫医发〔2004〕292 号）

（3）《发热门诊建设标准（试行）》及《感染性疾病科病房建设标准（试行）》（苏卫医政〔2020〕21 号）

2 感染楼建筑设计亮点

2.1 总平面布局

2.1.1 功能分区明确

在医院中设置感染楼，在建筑总体布局平面与竖向布置上，充分考虑对周边环境的影响，充分了解当地的水文地质情况，尤其是主导风向等问题，确定与其余医疗楼群之间的距离以及方位，并严格执行传染病建筑设计规范，使感染楼距离其他的医疗用房大于 20 m。科学合理地安排了感染楼与院区内各功能科室与各部门的联系，使功能分区合理，洁污路线清楚，互不穿插交叉，以利于控制与防止院内交叉感染。

2.1.2 出入口设置洁污分开

医院设置了四个出入口，其中一个出入口为感染楼患儿使用的出入口，与医院中普通患儿的出入口分开，并有醒目的标识及道路指引，保证了洁、污流线分置，避免造成院内交叉感染。

2.2 建筑平面设计

感染楼功能分区明确

感染楼在首层不同的区域设有发热门诊、肠道门诊和手足口病门诊，各类传染病门诊科室包括候诊区、诊室等，均分别自成一区，相对独立，其辅房（挂号收费处、检验、药房等）能共享，门诊各区功能用房符合规范要求。各门诊厅设有分诊处，对病人进行登记分诊，因楼层面积限制，留观室设在相应病区。二层病区收治感染性呼吸系统疾病患儿，三至四层病区收治手足口病患儿。每个病区床位 38 张（含重症监护床位 5 张）。感染楼严格按照"三区二通道"分区要求进行区分，分隔合理、明确，各区之间有物理隔断。垂直交通的楼梯、电梯，病人由专用通道进入病室，医务工作人员使用独立的垂直交通如楼梯、电梯及走廊进入工作区，在医务人员工作区出入口，均按要求设置卫生通过室。

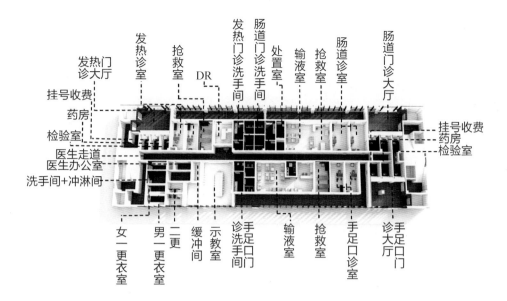

发热门诊大厅
发热诊室
抢救室
DR
发热门诊洗手间
肠道门诊洗手间
处置室
输液室
抢救室
肠道诊室
肠道门诊大厅

挂号收费
药房
检验室
医生走道
医生办公室
洗手间+冲淋间

挂号收费
药房
检验室

女一更衣室
男一更衣室
二更
缓冲间
示教室
手足口诊洗手间
输液室
抢救室
手足口诊室
手足口门诊大厅

名称：儿童医院感染楼 1F
面积：1 438 m²

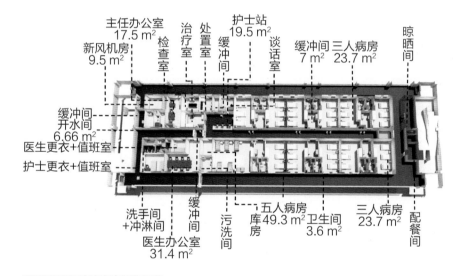

新风机房 9.5 m²
主任办公室 17.5 m²
检查室
治疗室
处置室
缓冲间
护士站 19.5 m²
谈话室
缓冲间 7 m²
三人病房 23.7 m²
晾晒间

缓冲间
开水间 6.66 m²
医生更衣+值班室
护士更衣+值班室

洗手间+冲淋间
缓冲间
医生办公室 31.4 m²
污洗间
五人病房
库房 49.3 m²
卫生间 3.6 m²
三人病房 23.7 m²
配餐间

名称：儿童医院感染楼 2F
面积：1 438 m²

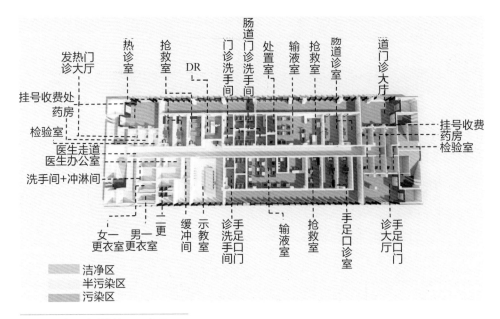

名称：儿童医院感染楼 1F—分区
面积：1 438 m²

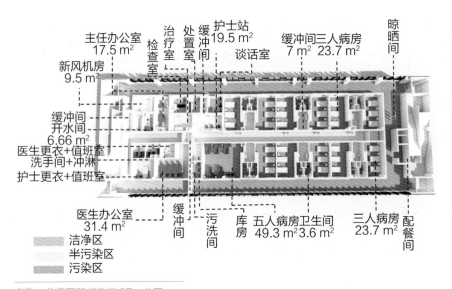

名称：儿童医院感染楼 2F—分区
面积：1 438 m²

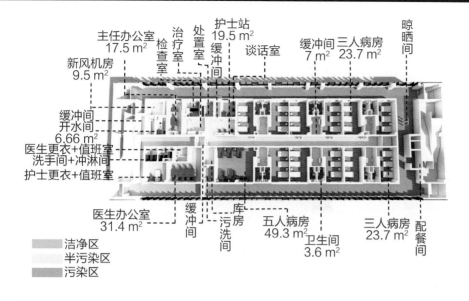

名称：儿童医院感染楼 2F—分区
面积：1 438 m²

2.3　人流和物流流线清晰

在感染楼设计中，人流和物流流线清晰，人流、物流的清洁与污染路线相互分开，互不交叉。

（1）门诊患者流线：感染楼首层分为发热门诊入口、肠道门诊入口、手足口病门诊入口、医务人员办公入口、物品入口、污物出口。不同疾病患儿从相应的门诊入口直接进入。

（2）住院患者流线：手足口病住院患儿通过手足口病门诊入口办理住院，然后进入住院电梯厅，到达 3~4 层手足口病住院病区；发热、呼吸疾病住院患者通过发热门诊入口办理住院，然后进入住院电梯厅，到达 2 层发热、呼吸疾病住院病区。

（3）医护工作人员流线：设置了专用医务人员入口，设置专用医护电梯，医护人员到达各层工作办公区域。医护人员无论进入门诊区域还是住院病房，都是从医护区域进入，不和患者区域路径重合。医护人员到达患者区域都需要经过一次更衣室，淋浴和二次更衣室、缓冲间这些清洁消毒空间，到达半污染区域，最后到达患者的污染区域，实现了医患分流。

（4）污物流线：各层护理单元的医疗垃圾、生活垃圾等均通过污梯，送至地下层医疗垃圾和生活垃圾暂存处，定时由医疗垃圾专用车辆送出院外。感染楼医疗垃圾、生活垃圾通过地下室运送出去，同其他生活垃圾、医疗垃圾相对分开设置。

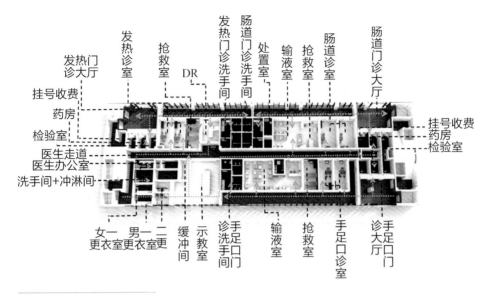

发热门诊大厅　发热诊室　抢救室　DR　发热门诊洗手间　肠道门诊洗手间　处置室　输液室　抢救室　肠道诊室　肠道门诊大厅

挂号收费　药房　检验室

挂号收费　药房　检验室

医生走道　医生办公室　洗手间+冲淋间

女一更衣室　男一更衣室　二更　缓冲间　示教室　诊洗手间　手足口门　输液室　抢救室　手足口诊室　诊大厅　手足口门

名称：儿童医院感染楼 1F
面积：1 438 m²

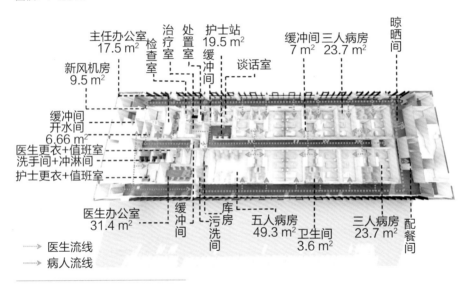

主任办公室 17.5 m²　检查室　治疗室　处置室　护士站 19.5 m²　缓冲间　谈话室　缓冲间 7 m²　三人病房 23.7 m²　晾晒间

新风机房 9.5 m²

缓冲间　开水间 6.66 m²

医生更衣+值班室

洗手间+冲淋间

护士更衣+值班室

医生办公室 31.4 m²　缓冲间　库房　污洗间　五人病房 49.3 m²　卫生间 3.6 m²　三人病房 23.7 m²　配餐间

┈┈▶ 医生流线
┈┈▶ 病人流线

名称：儿童医院感染楼 2F一分区
面积：1 438 m²

2.4　病房设施

　　传染病医院的每个护理单元一般以单人和双人病房为主，但在儿童医院中的感染楼面积受到限制，同时病区主要收治感染性非传染性呼吸系统疾病患儿和手足口病患儿。因此病房是 3 人病房，病房内病床间距满足设计规范的要求为 1 200 mm，每间病房有工作人员缓冲前室。病房内设置了氧气、吸引等床头治疗设施及呼叫、对讲设施，病房均带独立卫生间。外廊的宽度 2.8 m，充分考虑推病床和病人活动等因素的影响。

2.5　公用系统设计

　　如采用机械通风空气调节系统时，应特别注意建筑物内的气流组织。严格保证清洁区空气流向半污染区再流向污染区。即应当对清洁区、半污染区与污染区的气压形成级差依次递减，严禁倒流。楼宇自动化系统、医疗信息化系统将提高医院的管理水平，有助于减少医务人员的来往活动，提高工效并减少院内交叉感染的风险。

3　视频漫游

（　　　　　金陵药业股份有限公司　　施慧慧）
（江苏医疗建筑 BIM 族库研究中心　　王　媛）

小引

后疫情时代医院如何建设？应急工程如何实现快速建造？这是目前大家都关注的热点问题。我们选择了三个实例，分别介绍了应急工程建设（南京市公共卫生医疗中心）、全新设计的铜川市公共卫生医疗中心、隔离病区装配式工程（扬州市江都区第三人民医院）。

三个项目各具特色：

南京市公共卫生医疗中心应急工程从设计到交付收住患者仅仅用了19天，2020年2月1日开始设计，东南大学建筑设计研究院院24小时完成设计方案，24小时完成BIM模型（含医疗设备及机电），16天完成施工，2020年2月19日项目验收交付。此项目的BIM技术应用获得了中国勘察设计协会的2020年度的"优秀应用成果奖"。

铜川市公共卫生医疗中心是新建项目，500张床位的三级专科传染病医院与公共卫生中心。该公共卫生医疗中心项目南京大学建筑规划设计研究院按照全新的一院多区化理念进行了设计，既满足了疫情时的分区隔离需求，也兼顾了非疫情时的日常使用。同时在设计中预留了绿地用于疫情特别严重时搭建方舱，车辆、人员进出通道也充分考虑了"平疫结合"的需求，这是一个疫情后公共卫生医疗中心设计的一个经典案例。我们通过模块化设计，大专科小综合的布局，充分考虑了平时运维与疫情转化的灵活性。整个院区洁污分区明确、病患交通便捷，院区人车分流、医患分流，整个造型现代简洁，具有时代感科技感。

扬州市江都区第三人民医院隔离病区装配式工程也是在疫情期间快速建造的一个经典案例，因为场地的限制同时又要满足卫健委的床位规划要求，设计和施工都将空间利用到了极致，此项目由南京大学建筑规划设计研究院设计。

①南京公共卫生医疗中心（现有）
②应急隔离病房楼（一期应急）
③医护人员隔离用房（一期应急）

经济技术指标
总建筑面积 21 090 m²

应急隔离病房楼
　总建筑面积 20 240 m²
　房间数　288间
医护人员隔离用房
　总建筑面积 850 m²

N

总平面图

南京市公共卫生医疗中心总平面图

落实江苏省省委省政府、南京市委市政府主要领导的要求，满足长远需求同时又要满足应急需要，分期实施推进南京市第二医院汤山院区扩建工程，整体形成江苏省传染病预防、治疗、研究、应急指挥及教学培训中心。南京市第二医院汤山院区扩建工程，总建筑面积 101 790 m²，分两期建设。一期应急规划建筑面积 21 090 m²，其中应急隔离病房楼 20 240 m² 及医护人员隔离用房 850 m²。

第十七章
南京市公共卫生医疗中心
应急工程案例

项目概况

南京市公共卫生医疗中心应急工程项目位于南京市第二医院（市公共卫生医疗中心）西南侧用地范围内，地处南京市江宁区。医院远离居住区，整体背倚青龙山，采取气压梯度管理，有效防止病毒在空气中扩散造成感染。根据整体规划，巧妙地将医院远期规划和近期应急结合起来，真正体现了平战结合的特点，既满足了功能需要，也节省了造价。应急工程的防渗地基基础和污水收集系统根据医院的现有规划，按50年设计使用年限一次性实施到位，今后只需稍加改造，就可以作为永久性建筑使用；上部结构则是参照北京"小汤山"和武汉"火神山"模式，采用装配式活动板房的形式，可满足10年的使用年限，建成后可提供288间应急隔离病房和32间医护人员隔离用房。本期应急工程先建设72间，后期根据需要，可以在3天内迅速扩容到288间，达到设计收治能力，且周边预留了更大的扩容空间。

根据南京市新型冠状病毒感染的肺炎防控工作指挥部安排，由市建委、市城建集团组织建设，项目立项主体为南京市第二医院。2020年1月29日启动建设工程，先期建设72间应急隔离病房和32间医护人员用房（含1间管理用房），2月9日完成2栋双排应急隔离病房防渗基础施工，2月13日完成先期72间应急隔离病房及配套用房和32间医护人员用房板房建设。剩余应急隔离板房根据疫情发展情况按需建设。

① 项目设计方案

1.1 总体布局

1.1.1 总平面布局

首先根据原有建筑周边环境以及主导风向进行场地分析，如下图所示，确定可建范围 57 亩。

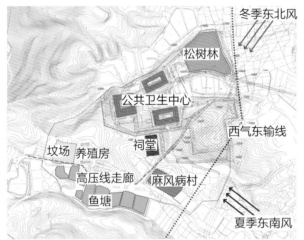

场地分析

可建范围

总体布局如下图所示，其中：① 南京公共卫生医疗中心（现有）；② 应急隔离病房楼（一期应急）；③ 医护人员隔离用房（一期应急）。

总平面图

1.1.2　院区洁污流线

根据人流、物流组织应有序、安全、高效，确定院区洁污流线如下图所示。

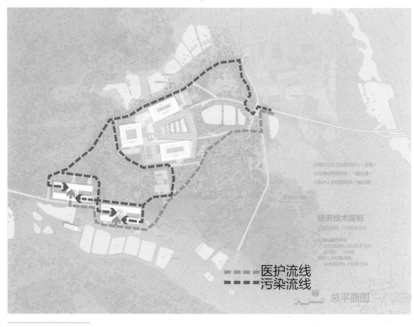

院区流线规划

1.2 应急收治病房设置

1.2.1 平面布局

根据总平面布局，确定应急收治病房位置及医护人员用房。

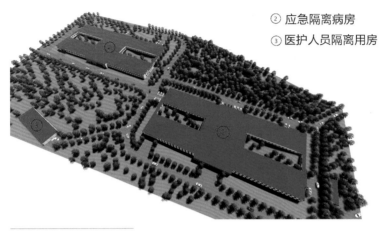

② 应急隔离病房

③ 医护人员隔离用房

应急收治病房场景布置

1.2.2 洁污分区

根据院感要求，应急医疗设施应按传染病医疗流程进行布局，且应根据新型冠状病毒感染的肺炎传染病诊疗流程细化功能分区，基本分区分为清洁区、半污染区、污染区，相邻区域之间设置相应的卫生通道或缓冲间。以1号楼2层为例，具体布局下图。

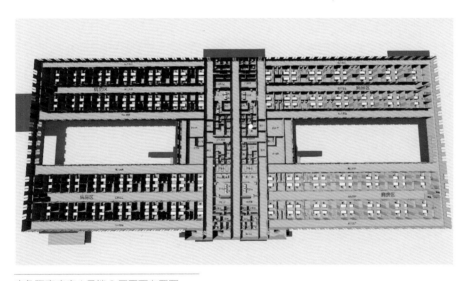

应急隔离病房1号楼2层平面布置图

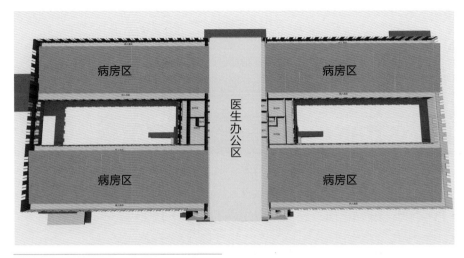

应急隔离病房 1 号楼 2 层医患分区布置图

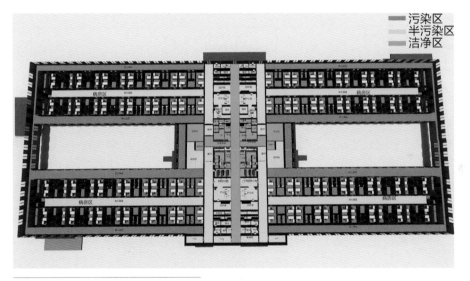

应急隔离病房 1 号楼 2 层洁污分区图

1.2.3 医患流线

　　医护人员和病人流线如下图所示：医护人员进入到病房各楼层清洁区内，进入更衣室完成更衣（如穿戴帽子、医用防护口罩、防护服、护目镜、手套等）进入两道缓冲区，再进入各病区。

　　医护人员完成工作后在缓冲间 1 内脱外层手套、防护服、护目镜后，再进入缓冲间 2 内脱医用防护口罩、帽子、内层手套，做好手卫生后进入半污染区，在半污染区内的淋浴房内做好淋浴更衣后，进入清洁区，确保洁净、污染分离。

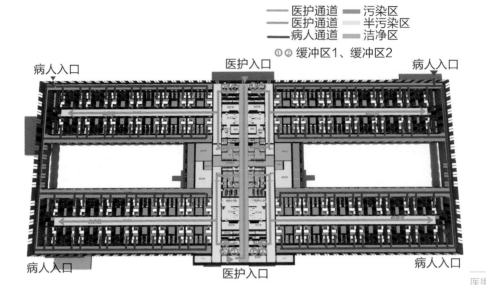

图例：
医护通道
医护通道
病人通道
污染区
半污染区
洁净区
① ② 缓冲区1、缓冲区2

病人入口　　　医护入口　　　病人入口

病人入口　　　医护入口　　　病人入口

医患流线图

1.2.4　单元板房设计

　　ABC 单元板房平面布局如下图所示，双人间可避免拥挤，为病人创造良好的居住环境，且不会造成医疗资源的浪费。病房标准间均配有独立卫生间。

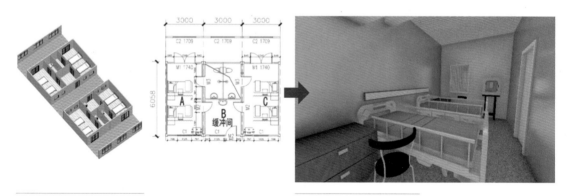

ABC 单元板房平面布局

A 单元板房室内渲染图

C 单元板房独立卫生间渲染图

1.2.5　机电布置

BIM 所建立的 3D 可视化模型，可以将机电的施工需求信息化，让 BIM 模型可以作为机电系统间的协同平台，同时具备机电作业所需的数量计算、物料采购、分配、施工顺序及系统测试等功能，高效解决了图纸内的管线冲突。应急隔离病房楼机电布置及室内机电布置分别如下图所示。

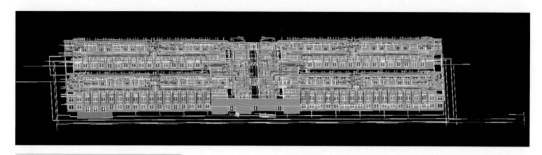

应急隔离病房楼 1 号楼机电布置

应急隔离病房楼 1 号楼机电布置　　　　　　　应急隔离病房楼 1 号楼室内机电布置

2　施工实施情况

本项目为坡地建筑，场地需要整平，场地同时有大面积的挖方和填方的区域，为调整建筑的不均匀沉降，结合场地硬化、抗渗的要求，采用了配筋整板基础形式。整板下设砂石褥垫层，并设置了防渗层（土工布＋防渗膜＋土工布）。为便于设备管线的安装和检修，整板基础和装配式板房间设置了 800~900 mm 高的架空层。施工实施情况分别如下图所示。

混凝土基础浇筑　　　　　　　　　　　砖砌柱墩架空

管网埋设　　　　　　　　　　　　　　施工吊装

　　此项目完成交付后，现场照片如下图所示。

病房布置（板房）

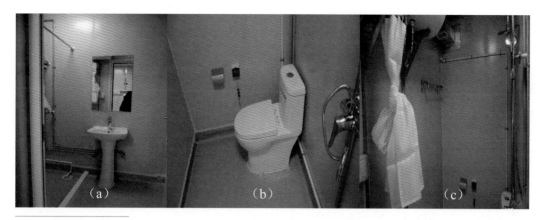

（a）　　　　　　（b）　　　　　　（c）

病房独立卫生间布局

机电管道安装

3 总 结

　　根据本项目特性及国内类似项目的建设经验，本项目地上部分结构方案采用预制装配式的彩钢夹芯板板房体系，其具有标准化、模数化的优势，采购便捷，安装方便，结构自重轻，对基础承载力要求低，价格便宜。本工程为应急工程，无法完全按《建筑防火设计规范》要求执行设计。本工程按照武汉雷神山、火神山医院标准做法，同时参照中国工程建设标准化协会发布的《新型冠状病毒感染的肺炎传染病应急医疗设施设计标准》设计。

　　（1）本工程消防设计，采用消防软管卷盘系统、手持干式灭火器，并设置室外消火栓。不设置室内消火栓系统和自动喷水灭火系统。

　　（2）本工程部分楼梯为室内楼梯，未设置加压送风系统。中间医护走廊未做机械排烟系统。

　　（3）电气专业根据工程特点，未做火灾自动报警系统。

　　（4）新建病区污水经消毒处理后，加压至公共卫生医疗中心原污水处理站处理。

　　（5）雨水收集后经消毒处理，加压排至公共卫生医疗中心雨水管网。其中初期雨水需要收集，设计容量约为 400 吨。

　　此项目获得中国勘察设计协会 2020 年度优秀奖（奖项设有特等奖和优秀奖，特等奖颁给了火神山和雷神山项目）。

4 **视频漫游**

> 南京市城市建设管理集团　李月明
> 东南大学建筑设计研究院　侯彦普　孙承磊

第十八章
铜川市公共卫生医疗中心工程案例

项目概况

　　新冠肺炎疫情全球爆发蔓延对突发公共卫生事件下的医疗建筑设计提出了许多新的要求。国家发改委、卫健委、中医药局联合制定了公共卫生防控救治能力建设方案，聚焦新冠肺炎疫情暴露的公共卫生特别是重大疫情防控救治能力短板、调整优化医疗资源布局，提高"平疫结合"能力，强化中西医结合的要求。

　　针对突发公共卫生事件防控救治有以下几个方面值得我们重视：

　　1. 医疗机构发热门诊与发热筛查留观的功能设置，构建分级分层分流的城市传染病救治网络。

　　2. "平疫结合"应当从总体规划、建筑设计、机电系统配置上做到"平疫结合"，在符合平时医疗服务要求的前提下，满足疫情时快速转换，开展疫情救治。

　　3. "平疫结合"区应严格按照医疗流程要求，做好洁污分流、医患分流。传染病区严格按照"三区两通道"布局，避免流线交叉。

　　4. 预留疫情爆发时功能转化的基础条件，转化方案应当施工方便快捷，能在2~3天内快速转化成救治场所。

　　5. 充分利用信息化、智慧化技术，提升综合医院"平疫结合"的智慧化运行管理水平，加快医院信息与疾病预防控制机构数据共享、业务协同，实

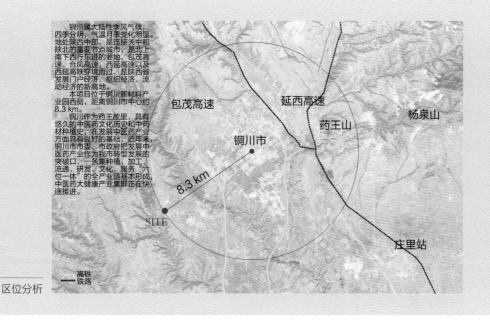

铜川属大陆性季风气候，四季分明，气温月季变化明显。地处陕西中部，是连接关中和陕北的重要节点城市，是北上南下西行东进的要地，包茂高速、合凤高速、西延高速以及西延高铁穿境而过，是陕西省发展门户经济、枢纽经济、流动经济的新高地。

本项目位于铜川新材料产业园西侧，距离铜川市中心约8.3 km。

铜川作为药王故里，具有悠久的中医药文化历史和中药材种植史，在发展中医药产业方面具有良好的基础。近年来，铜川市委、市政府把发展中医药产业作为我市转型发展的突破口，一条集种植、加工、流通、研发、文化、服务"六位一体"的全产业链基本形成，中医药大健康产业集群正在快速推进。

包茂高速　延西高速　杨泉山

药王山

铜川市

8.3 km

SITE

庄里站

‥‥‥ 高铁
──── 铁路

区位分析

现智慧型医院的建设。

以下结合南京大学建筑规划设计院在铜川市公卫中心的设计案例，我们探讨一下后疫情时代的传染病医院设计策略。

① 案例设计背景

铜川地处陕西中部，是连接关中和陕北的重要节点城市，是北上南下西行东进的要地，是陕西省发展门户经济、枢纽经济、流动经济的新高地。

2020年春节，新冠肺炎疫情全球爆发。以习近平总书记为首的党中央提出"聚焦新冠肺炎疫情暴露的公共卫生特别是重大疫情防控救治能力短板，调整优化医疗资源布局，提高平战结合能力，强化中西医结合，集中力量加强能力建设，补齐短板弱项，构筑起保护人民群众健康和生命安全的有力屏障"。

② 概况及定位

铜川市及周边县区共有386万余人，专用感染科病床较少，急需建设一所公共卫生服务中心（含传染病医院），为铜川市及周边三原、富平、淳化、黄陵等县提供传染病救治医疗服务。铜川作为药王故里，对发展壮大中医药产业有着义不容辞的责任。在此背景下提出建设铜川市公共卫生服务中心（渭北传染病防治医院）项目，并融合建设中西医研究中心。

铜川市公共卫生服务中心位于铜川新材料产业园西侧，北至照金路，东至规划绿地，南侧和西侧均为耕地。基地北侧照金路在地块沿线范围内坡度很大，该路段东西高差约 13 m，场地西侧为陡坎，东侧和南侧则缺少城市道路。

周边环境
经实地调研发现，基地北侧照金路坡度较大，基地西侧为陡坎，均不宜设置医院出入口，因此医院出入口宜设置在东侧和南侧，同时结合周边场地需求，增加基地外围城市道路。

周边环境

本项目总用地面积 52 669 m²，总建筑面积 76 000 m²，是一所集应急管理体系（公卫中心）、救治体系（门急诊＋病房楼）、培训体系（后勤保障楼）、科研体系（中西医研究中心）、应急物资管理体系（指挥中心）"五位一体"的三级专科传染病医院（设置床位 500 张）。

基础建设需求汇总表

序号	项目名称	面积（m²）	备注
1	救治体系	19 400	门急诊＋病房楼
2	传染病防治体系	24 600	传染病院区
3	培训体系	5 400	后勤保障用房
4	应急管理体系	7 100	公卫中心及预防保健
5	科研体系	3 500	中西医研究中心
6	地下用房	16 000	车位，人防，设备用房、配套商业
7	应急物资管理体系	拟建	基地东南侧拟建医药仓储基地
	合计	76 000	

③ 基地周边城市设计研究

　　由于基地北侧照金路坡度较大，基地西侧为陡坎，均不宜设置医院出入口，因此医院出入口宜设置在东侧和南侧，同时结合周边场地需求，增加基地外围城市道路。根据上位规划，基地东侧为城市绿地，因此将公卫中心主立面及门诊主入口设置在东侧，与城市公园形成对景关系。将污物及车行出口设置在场地南侧，避免对主入口形象和入院车流的影响。南侧作为预留发展用地，考虑医药物流仓储功能及医院二期扩建需求，同时在仓储用地内预留绿地可作为疫情暴发时建设临时方舱医院基地。

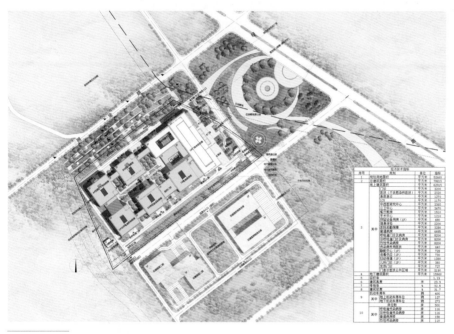

总平面图

④ 设计理念

　　本案秉承"以人为本"，突出绿色高效、舒适智慧的设计理念。同时，通过建筑空间、材料、色调、灯光等元素让患者得到从生理到心理的综合性康复治疗。充分考虑"平疫"转换、模块生长的总体布局，打造一座品质一流的花园式公共卫生服务中心，健全公共卫生服务体系，满足铜川人民公共卫生服务的需求。

总体鸟瞰图

5 总体规划

5.1 场地功能分区规划

　　建筑群体包括预留烈性传染病楼、呼吸道传染病楼、非呼吸道传染病楼、普通病房楼、预防保健中心楼、后勤保障楼、门急诊综合楼。

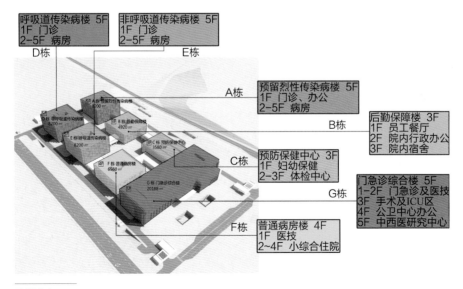

功能分布

建筑按多层布局、降低层数，经济高效，方便医患上下联系。模块化专科的设置也便于传染病专科的独立运营和平疫转换。

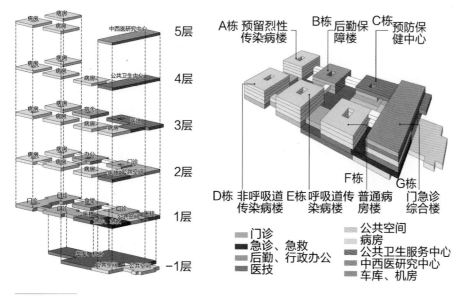

功能组合

（1）医院总体布局，可分为东区和西区。

西区设预留烈性传染病楼、呼吸道传染病、非呼吸道传染病楼和后勤保障楼，布置在场地西南角，位于下风向，减少对院区其他功能科室的影响。东区设预防保健中心楼、普通病房楼、门急诊综合楼。东区与西区通过 32 m 绿化带及树阵间隔，既分又合。

将合院式布局运用到现代医院中，通过共享的庭院绿化及医疗街模块串联起大专科小综合的功能布局。

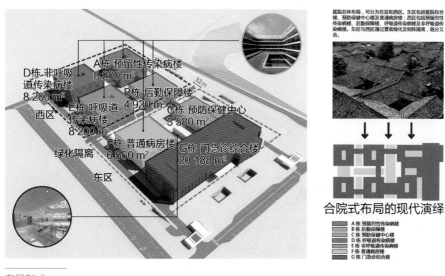

布局形式

（2）充分考虑公共卫生服务中心后期运维经营，防治结合。引入体检中心、妇幼保健中心、皮肤病专科等特色医疗内容。

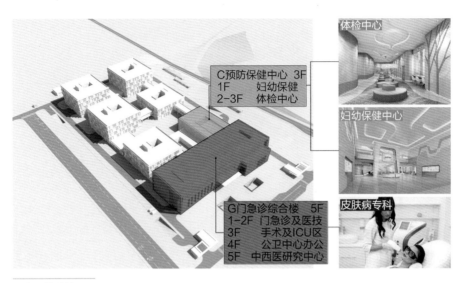

C预防保健中心　3F
1F　　妇幼保健
2-3F　体检中心

体检中心

妇幼保健中心

G门急诊综合楼　5F
1-2F　门急诊及医技
3F　　手术及ICU区
4F　　公卫中心办公
5F　　中西医研究中心

皮肤病专科

日常运维功能

（3）门急诊综合楼一、二层为门急诊区域，三层为手术、住院区域，一至三层均根据要求配置医技功能，四层为公共卫生服务中心办公区域，五层为中西医结合研究中心。

普通住院楼一层与门急诊综合楼连为一体，二至五层为病房。

呼吸道感染楼和非呼吸道感染楼一层均为专科门诊、医技，二至五层为病房，传染病区均按"三区两通道"要求布局。

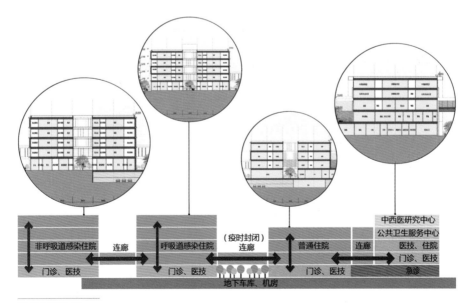

竖向功能分析

（4）地下空间利用

地下室东侧布置医院服务中心，配套便利店及餐饮服务，并通过下沉广场与地面主入口广场有机结合，同时在地下停车区外围主车道设置门诊、住院部等接驳区，活化地下空间。

地下室空间通过设置下沉广场与中心绿地公园结合，引入阳光与自然通风，达到绿色节能的目的。

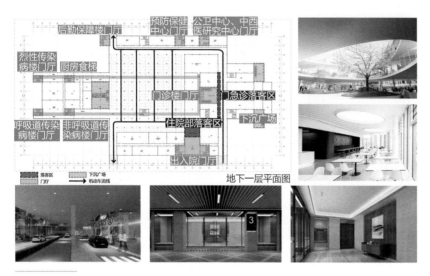

地下空间

5.2　公卫中心平疫转换规划

公卫中心充分考虑传染病专科独立成区与疫情下转化生长的便捷性，采用模块组合、洁污分区的方式，充分考虑了平疫转换的可行性。

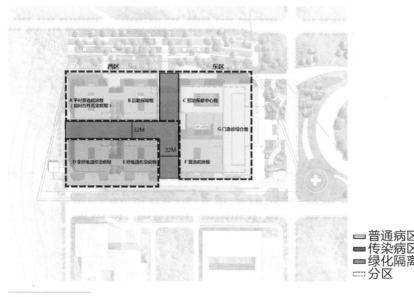

平时洁污分区

平时西区与东区通过 32 m 绿化带及树阵间隔，东区（洁净区）主要功能为综合病区、公卫中心、中西医研究中心等。西区为传染病区，单独设立门诊及住院部及常用的专科医技功能，东区的医技功能也能资源共享。

疫情暴发期间，西区的烈性传染病楼、呼吸道传染病楼、非呼吸道传染病楼均可收治呼吸道传染病人，非呼吸道传染病人迁至普通病房区。后勤保障楼疫情暴发期间可便捷地改造为传染病房。整个西区结合南侧预留绿化及二期空地可便捷搭建方舱医院，整个区域封闭管理，成为救治中心。东区主楼的公共卫生服务中心办公区作为疫情暴发时的指挥中心并另设医护休整区，普通门急诊仍可独立管理开放。

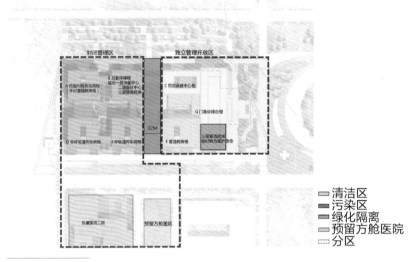

疫时洁污分区

5.3　场地交通流线规划

公卫中心实行人车分流、医患分流、洁污分流。

通过公共交通来的人流主要通过医院东侧主入口进入院区。

病患车行流线有两种方式：

（1）病患车辆到达场地东侧落客区后下客立即离开，病人从东侧主入口进入院区；

（2）病患车辆由东南侧车行入口入院区直接驶入地下室，病人可直接进入地下室门急诊门厅或者住院部门厅。

a. 急诊流线：救护车由基地南侧道路驶入，通过东南侧车行入口到达急救急诊区域。

b. 办公、后勤及物资流线：车辆由北侧入口进入，经北侧道路驶至地面停车区域或驶入地库。

c. 污物流线：西南侧空地设置污物收集点，分时段管理，车辆装载完后经西南侧出口驶出基地。

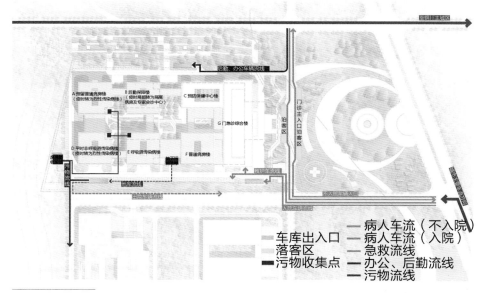

平时车行路线

疫情暴发时，南侧城市道路作为呼吸道传染疾病区的主入口进出，整个西区作为救治中心封闭管理。东区普通门急诊车辆及人流均改为北侧道路进入。

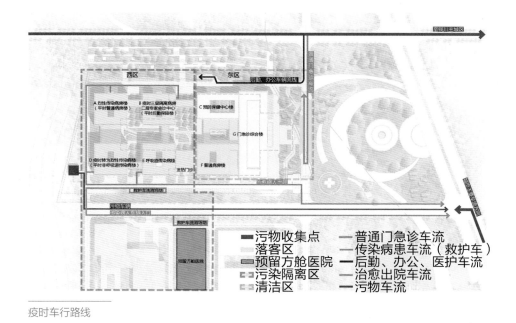

疫时车行路线

5.4 医疗流程

5.4.1 一级流程

各功能模块的医护工作区均与病患就诊区有物理划分，医护流线与病患流线不交叉。传染病区的所有门诊医技及住院空间，均按"三区两通道"设计，确保医护人员的健康安全。

平时病人主要由东侧和东南侧进入医院，普通病人在东侧就诊，传染病患者在西南侧就诊。

污物则分两组流线：

（1）传染病区的污物设在每栋楼一层污物暂存间，密封运至医院西南角的污物收集站等待清运。

（2）综合病区的污物集中收集在地下室西南角，靠近汽车坡道，便于运出。

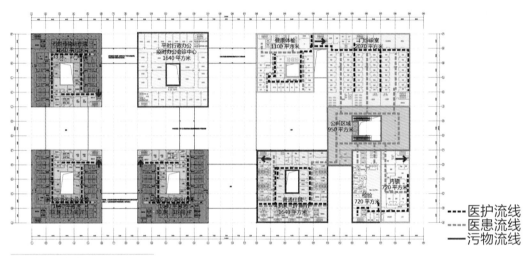

一级流程设计（二层平面）

5.4.2 重点区域二级流程

（1）入口发热筛查

无论是平时还是疫情暴发时，发热筛查是一个重要的医疗流程。本方案公卫中心共设三个筛查点，分别位于东侧入口、东北入口和东南入口。

以东南入口筛查点为例，病人需刷健康码进入筛查通道，经测温，无发热症状的病人可从北侧离开前往门诊。而有发热症状的病人则暂时隔离，由医护人员护送至发热门诊。车辆进入院区，车内人员均需出示健康码并配合测量体温，若无发热症状则可进入院区，如车内人员有发热症状，则立即控制汽车行至指定区域，发热人员转送至发热门诊。

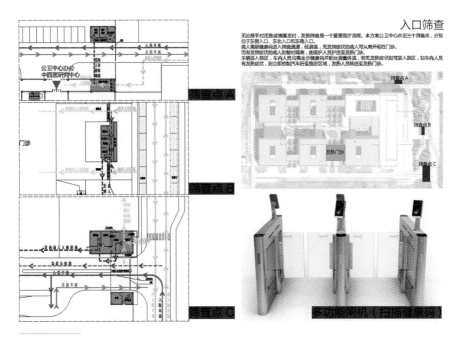

入口筛查

（2）发热门诊

发热门诊按照"三区两通道"设计，医护人员从呼吸道感染楼北侧进入清洁区，经过一更、二更进入工作区（即半污染区），而病人的活动范围限制在污染区，除诊室医生需与病人接触外，其余医护人员基本停留在半污染区工作。病人进入发热门诊挂号就诊，根据需要进行留观和医技检查，医技区域位于发热门诊西侧，与呼吸道感染科共用。若病人经过检查、留观确诊或疑似，则经过发热门诊西南角的电梯到达位于二至五层的传染病区进行住院治疗。

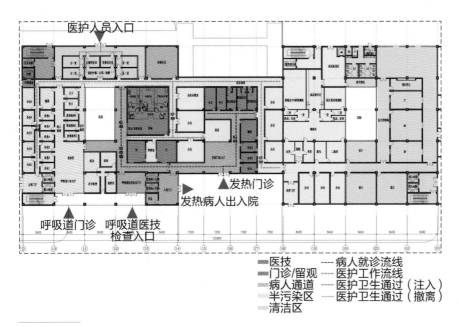

发热门诊

187

（3）传染病房设计

传染病房严格按照"三区两通道"及负压病房模式，避免医患交叉感染。疫情期间，严格划分清洁区、半污染区与污染区，设置"三区两通道"，区域之间的气流按不同压力等级，由清洁区、半污染区、污染区单向流动；医护通道和病人通道彻底单设，避免交叉感染。医护走廊和病房之间设置缓冲间，确保负压病房实现。普通病房清洁区、半污染区、污染区的空调及送排风系统均独立成系统不交叉，确保疫情暴发时，普通病房改为传染病房的可能性。

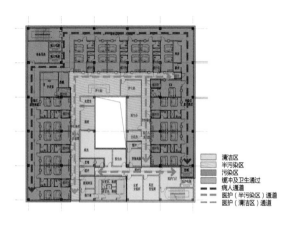

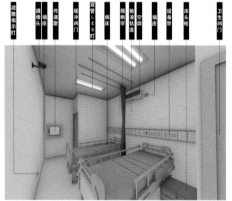

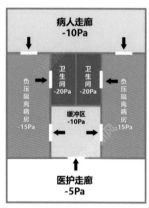

传染病区病房设计

5.5 医疗工艺规划

5.5.1 智慧医疗

利用先进的互联网技术和物联网技术，并通过智能化的方式，将与医疗卫生服务相关的人员、信息、设备、资源连接起来并实现良性互动，以保证人们及时获得预防性和治疗性的医疗服务。

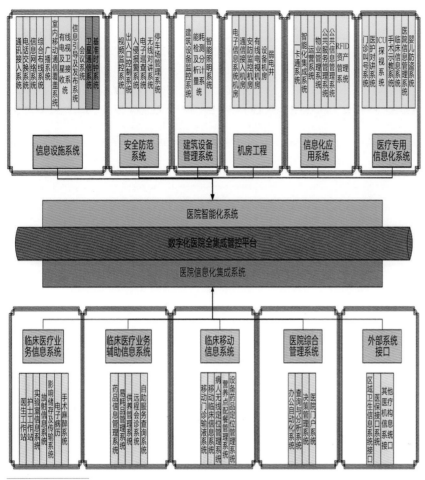

智慧医疗总体规划

智慧医疗总体架构

5.5.2 物流系统规划

（1）物流采用复合型物流传输系统，实现医疗物资与患者的绝对分离，有效避免交叉感染风险，提高医护人员工作效率。

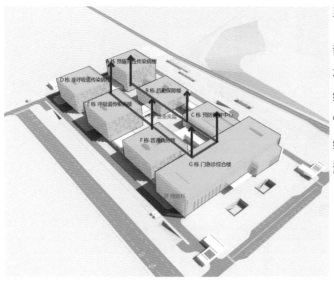

系统流线设计：

（1）中型箱式
垂直管井—单独通道；
（通道内自带消毒杀菌模块）
水平传输—单独通道；
（设置独立物资传输设备夹层）
终端站点—设置于洁净区；
（2）气动物流
管道—单独通道；
（全程密闭）
终端站点—设置于洁净区；
（3）机器人
洁净区内部 物资的自动传输
（检验科区域）

物流通道剖面示意图

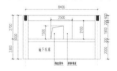

物流系统规划

（2）地下室设置设备夹层，结合垂直货梯打通物流水平通道。

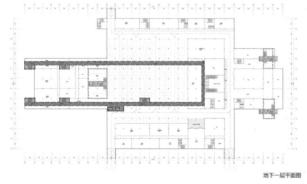

地下一层平面图

物流通道剖面示意图

物流夹层

5.6　建筑造型设计

　　铜川公卫中心建筑体量高低错落有致，主入口与城市公园形成良好的对景关系。门急诊主楼采用几何体块咬合穿插的手法，体现主入口的形象。传染病专科楼采用模块化的构成设计，采用木色遮阳格栅与玻璃材质对比，结合阳台绿化为病人提供温馨的感受。丰富的屋顶花园形成生态第五立面，与医疗景观街各主题庭院结合，打造花园式医院的品质。整个建筑造型现代简约，充分体现了医疗科技感和温馨感。

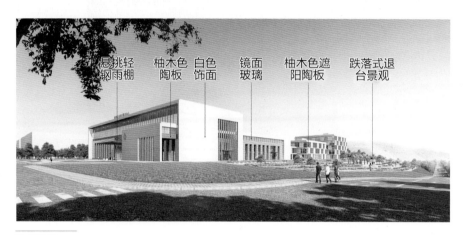

建筑造型

立面材料

5.7 景观设计

　　根据病人就医流线打造绿意盎然的景观轴线，充分体现人文关怀。通过绿化带树阵、合院景观、退台休闲草坡、景观阳台等多维度绿化空间依次连接各个功能区块，缓解病人就医压力，实现花园式医院的设计目标。

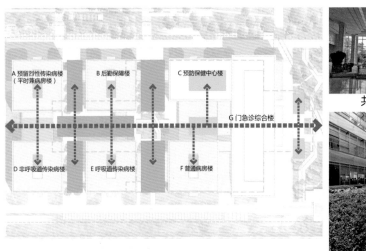

共享空间意向图

主题庭院意向图

　　　主题庭院　　景观花园　‧‧‧‧景观轴线

景观结构

　　主入口东侧城市休闲生态广场与医院主题庭院形成序列，创造公园式的新型医疗空间，建筑北侧采用退台式景观草坡，形成噪声阻隔，并为就医群众提供休闲空间。同时为城市创造优美的城市绿地空间，提升区域品质。

庭院分布

5.8 绿建措施

（1）被动式热压自然通风——利用建筑内部由于空气密度不同，热空气趋向于上升，而冷空气则趋向于下降的特点，促进自然通风。

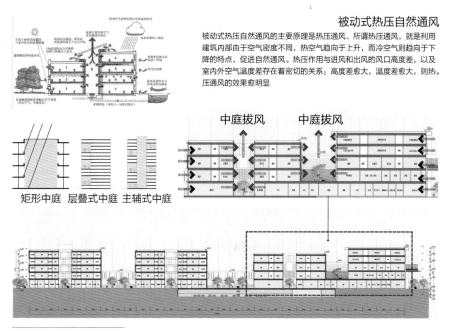

被动式热压自然通风

被动式热压自然通风的主要原理是热压通风、所谓热压通风，就是利用建筑内部由于空气密度不同，热空气趋向于上升，而冷空气则趋向于下降的特点，促进自然通风。热压作用与进风和出风的风口高度差，以及室内外空气温度差存在着密切的关系；高度差愈大，温度差愈大，则热压通风的效果愈明显

被动式热压自然通风

（2）种植屋面——在建筑屋面的防水层上铺以种植土，并种植植物，起到防水、保温、隔热和生态环保作用。

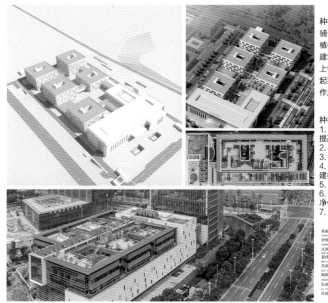

种植屋面

种植屋面，在屋面防水层上覆土或铺设锯末、蛭石等松散材料，并种植植物，起到隔热作用。定义在：建筑屋面的地下工程顶板的防水层上铺以种植土，并种植植物，使其起到防水、保温、隔热和生态环保作用的屋面成为种植屋面。

种植屋面的功效：
1. 改善城市环境面貌，提高市民生活和工作环境质量；
2. 改善城市热岛效应；
3. 减低城市排水负荷；
4. 保护建筑物顶部，延长屋顶建材使用寿命；
5. 提高建筑保温效果，降低能耗；
6. 消弱城市噪音，缓解大气浮尘，净化空气；
7. 提高国土资源利用率。

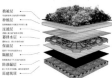

种植层面

（3）海绵城市、生态草沟——院区内主要道路两侧设生态草沟,兼具绿化带及排水沟的功能。雨天草沟将雨水吸收、过滤,自然净化成景观用水,循环利用。

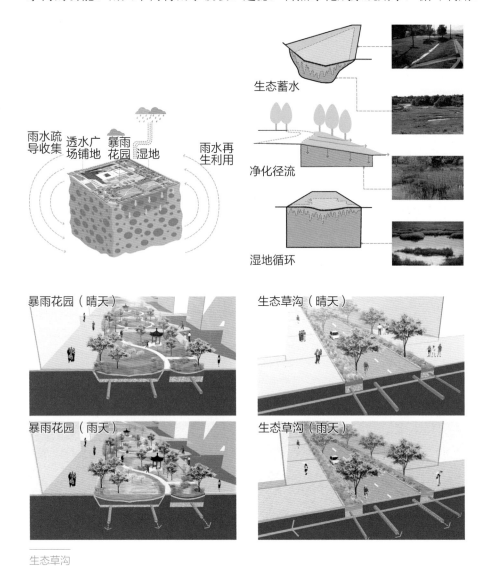

生态草沟

⬡6 设计总结

新冠肺炎的全球爆发对传染病医院的平疫转换、防治兼顾等运行模式提出了更多要求。后疫情时代根据院感的要求医院在许多方面都要进行调整,例如独立的感染楼、发热门诊、筛查通道等,同时对医院的暖通系统及给排水系统也提出了相应调整的要求。本章节通过对铜川市公卫中心平疫转换部分的设计介绍,阐述了"一院多区"及方舱预留的理念,同时通过绿化带实现分区隔离,既满足了平疫转换及容积率的需求,又改善了医疗环境。

应对突发疫情，健全公共卫生体系，体现人文关怀，建设一个绿色智慧的传染病医院是我们努力的目标。

⬡7　视频漫游

（南京大学建筑规划设计研究院　廖　杰　王新宇　陶　峻　刘晓捷　崔侑华）

隔离病区病患入口处效果图

第十九章
传染科隔离病区装配式建造工程案例

项目概况

　　扬州市江都区第三人民医院为应对新型冠状病毒感染的突发疫情，春节期间紧急要求提供疑似隔离病区快速智慧建造的解决方案。南京大学建筑规划设计研究院携手江苏医疗建筑BIM族库研究中心、江苏智慧物联科技有限公司一起紧急动员参战。南京大学建筑规划设计院领导、设计人员加班加点，仅用一晚就完成了满足传染病救治要求的"三区两廊"标准隔离病区方案，随后迅速完成了涵盖建筑、结构、水、电、暖、弱电的施工图。整个隔离病区用地面积 708 m^2，建筑面积 1 400 m^2，建筑采用集装箱式快速建造模式，共两层。每层有 16 个单人隔离病房，两层共有 32 个隔离病房。

① 总体布局

1.1 总平面布局

隔离病区建设示意图

1.2 院区洁污流线

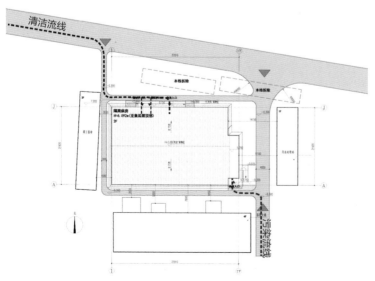

隔离病区总平面洁污
分流示意图

2 设计逻辑

2.1 标准化的模块设计

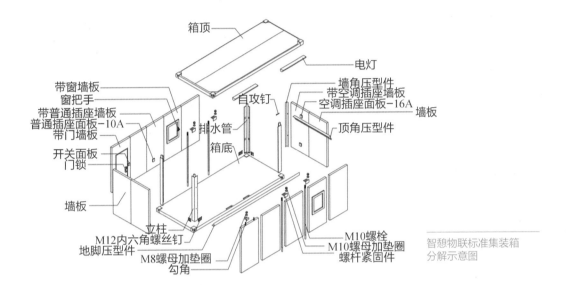

智憩物联标准集装箱
分解示意图

2.2 最简洁的功能模块组合

2.2.1 卫生通过模块组合

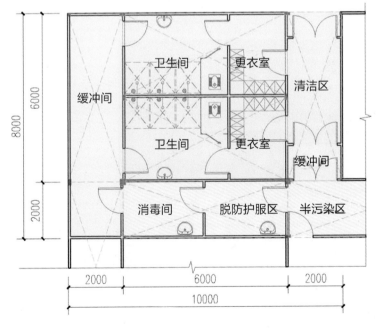

隔离病区医护卫生
通过模块组合图

2.2.2　医护办公模块组合

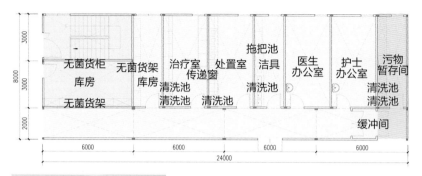

隔离病区医护办公模块组合图

2.2.3　病房模块组合

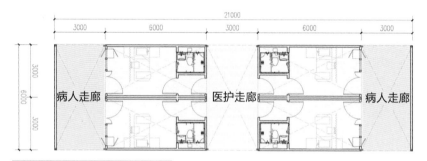

隔离病区单体病房模块组合图

2.3　"三区两廊"的感控流线（流线分析图）

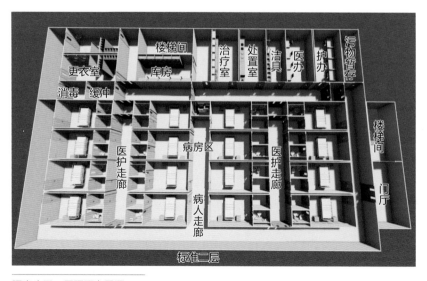

隔离病区二层平面布置图

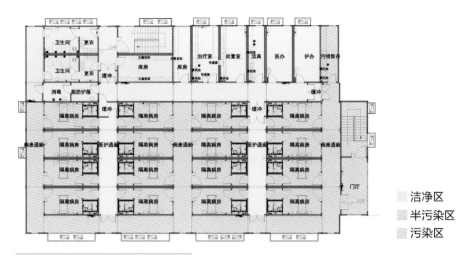

隔离病区二层平面医患分区布置图

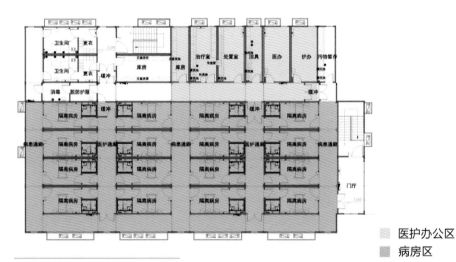

隔离病区二层平面洁污分区图

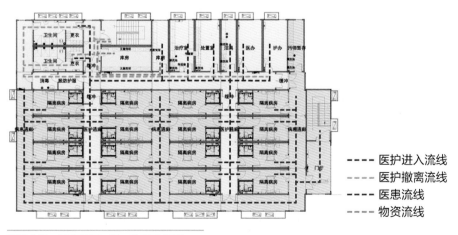

隔离病区二层平面医、患、物资流线图

2.4 负压病房的管线 BIM 设计（BIM 管线综合图）

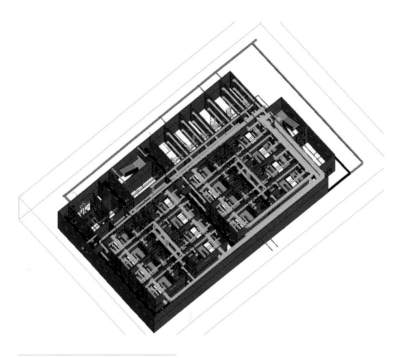

负压病房 BIM 机电管线设计图

2.5 医疗设施的 BIM 设计

隔离病区的医疗设施的BIM设计包括病房设施（设备带、负压送风回风）、治疗室（传递窗）以及处置室的医疗家具摆放等。

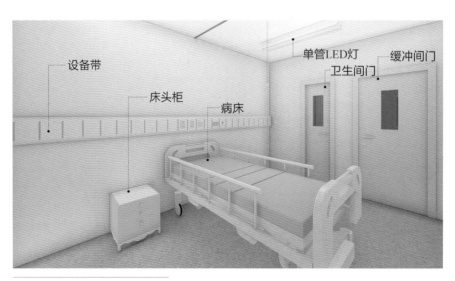

BIM 单体隔离病房室内设计图

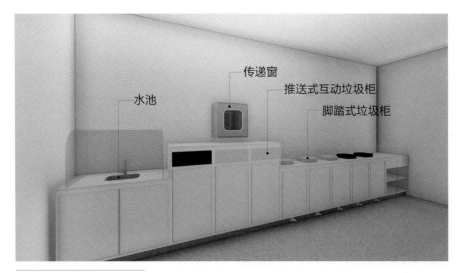

处置室 BIM 室内设计图

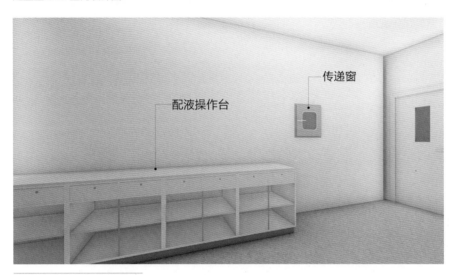

治疗室 BIM 室内设计图

2.6 装配式建造过程（施工现场照片）

施工现场：集装箱吊装

施工现场：集装箱排布

施工现场：施工组织

航拍施工组装现场

航拍施工吊装现场

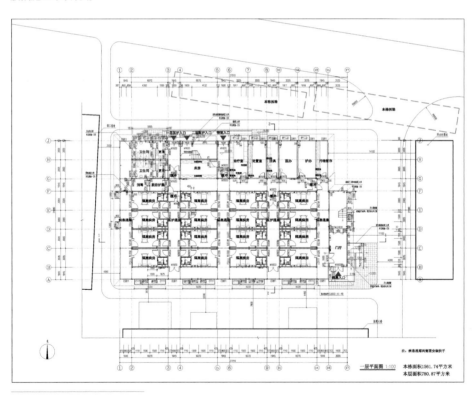

隔离病区施工图一层平面

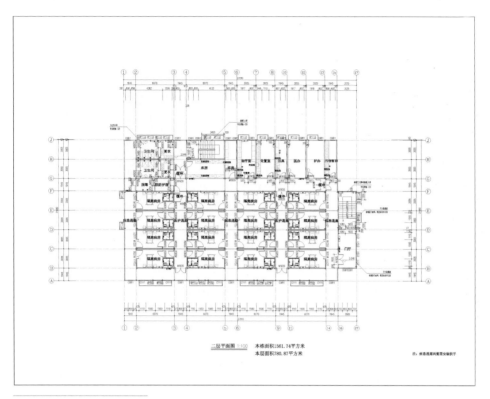

隔离病区施工图二层平面

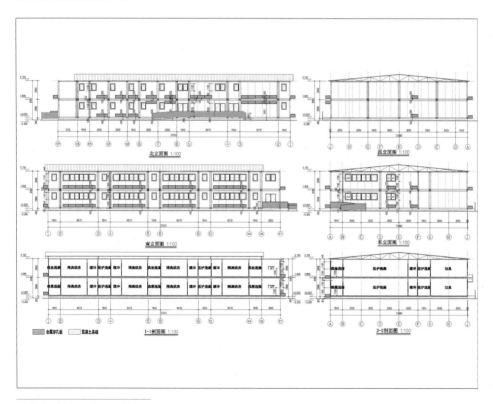

隔离病区施工图立面、剖面图

③ 项目的特点和亮点

模块化设计、工业化生产集成和装配式建造是本项目最大的亮点。

（1）本项目由一系列具有不同医疗或技术保障功能的集装箱组合而成，项目采用 6 m×3 m 和 6 m×2 m 两种标准集装箱。通过这两种箱体组合成病房模块、医护人员卫生通过模块以及护理单元模块，各个单元模块化系统既可单独使用，也可相互连接组建成大规模移动医院。

（2）由于本项目基地非常紧张，因此该隔离病区的三个功能模块均采用最简洁实用的流线组合。其中病房模块采用了病房卫浴与医护缓冲间结合的方式，施工拼装效率高。护理单元模块只设置了治疗室、处置室、医护办公室、洗消室和库房等护理单元的必需功能，医护的休息保障区另设在其他楼。医护卫生通过模块也是一个高效简洁的独立模块，医护撤离时有单独通道与隔间，方便脱防护服、消毒，再进入淋浴间清洗，更衣后离场。

（3）隔离病区的负压梯级设计是保护医护人员和隔离病人不交叉感染的重要措施。项目将隔离病区的空调气流通道控制为从清洁区、半污染区向污染区流动。保证病房为最低负压，控制传染源不外泄。各个相邻区域进入时均设有缓冲区，保证负压的稳定。

（4）疫情期间由于控制人群流动的防控措施，如何协同设计、生产、施工是极具挑战性的工作。我们充分利用网络资源进行远程办公，形成由南大设计院、建设方医院、医疗建筑专家、施工企业与项目管理、产品生产企业等多方协同工作集群。特别通过 BIM 设计技术控制，努力做到设计、施工和运营使用的一体化沟通机制，直接、高效、充分，可实施性强。设计团队密切关注并学习研究近期为应对疫情防控密集颁布的各类技术标准规范，并融会贯通应用于项目设计中。各专业总工程师全程参与设计，在方案和施工图阶段直接下达指导性意见，项目组设计师全都夜以继日地火速完成设计工作。工地服务也通过云平台、中航航拍等技术及时了解工地进展，解决疑难问题。

（5）一体化卫浴不仅解决了空间小、时间紧的困难，而且提升了感控的效果，成为此项目的一大亮点。如以下图表所示：

一体化卫浴外部视图　　　　　一体化卫浴内部视图

No	对比项目	传 统 浴 室	科 逸 整 体 浴 室
1	材料性能	传统浴室地面、墙面均采用瓷砖，而瓷砖均易老化，发生色差	不饱和聚脂树酯SMC复合材料，主要用于运载火箭、飞机机舱、高档汽车车体等。为热固性材料，由大型设备高温高压模压成型，坚固，抗老化能力强，有优良的保温隔热性，表面光洁，易清洁等
2	防渗漏性	传统浴室水泥地面随温度的变化产生微小收缩裂缝，卫生间内带酸碱性的洗涤剂渗透至防水层上长时间浸泡产生老化，出现漏水，邻居抱怨或索赔，且防水处理繁琐，费用高	浴缸、底盘一次模压成型，自成一体，无须防水处理，永无渗漏；采用跑水坡设计，12%走水坡度，流水顺畅，表面干爽不积水
3	防味防霉性	1. 墙体吸潮造成霉变生霉臭味； 2. 洁具本身表面裂缝和粗糙也会积留脏物，产生霉菌； 3. 装修缝隙多，里面很容易积聚脏物和生长霉菌，浴室经常有异臭味和霉味	1. 采用SMC航空材料，完全不吸水，确保坡向科学，不积水，保持底盘干燥； 2. SMC表面光滑，无裂缝，不容易玷污
4	易清洁性	1. 传统浴室卫生死角多，难于清洁； 2. 洁具材料材质疏松，脏物进得去出不来； 3. 洁具材料表面毛糙，脏物不易清除	1. 设计时充分考虑清洁需要，无卫生死角； 2. SMC质地致密，大板块结构缝隙小，脏物无法进入； 3. SMC表面光滑，容易清洁

续表

No	对比项目	传统浴室	科逸整体浴室
5	保温性能	传统装修材料隔热性能和保温性能很差，热量容易丧失，另需配置浴霸等采暖设施	SMC材料为高保温材料，热水一开浴室立即升温，有"浴罩"作用，既保温又节能。保温隔热性能极佳，导热系数（平均温度25℃）0.081 W/(m·K) 浴室内不用装暖气片或浴霸
6	舒适性	1. 颈部受力，背部容易疲劳；2. 玻璃钢、铸铁、搪瓷材料传热性极快；3. 冬天体温和浴缸或地面温差大，人体感觉冰凉，极不舒适	1. 根据人体工学设计，受力面积大，着力点多，感觉舒适；2. 良好的保温性，感觉不冰凉，肤感好
7	安全环保性	1. 传统洁具未做防滑处理，老人小孩极易滑倒；2. 采用大理石装修，石材的辐射对人体有害	整体浴室有专门的防滑处理与防滑设计，表面独特凹凸纹理设计，洗浴安全；SMC产品，无毒、无辐射，可以用来制作餐具，是环保产品。已通过欧盟REACH-SVHC严格测试，无有害物质。E0等级建材
8	整体性	1. 装修浴室部件繁多，由不同厂家生产，很难做到整体的效果；2. 各不同风格的部件组合在一起，很难做到风格统一，各厂家的质量高低不同，就越难有整体性	1. 整体浴室设施配置齐全，全部由科逸一家生产和提供；2. 专家进行整体设计，效果和质量有保证
9	施工难易度	1. 传统浴室装修采用湿法施工，需沙子、水泥、瓷砖等，搬运困难，易脏，噪音大，粉尘多，且施工复杂；2. 装修时间长，影响生活；3. 装修质量取决于施工队的水平和责任心，质量波动大	干法施工，标准产品2个工人4小时即可安装一套；无须做内部装饰，施工简单，即装即用；专业人员安装，质量有保证；无噪音，无粉尘；不影响生活
10	售后服务	供应配件厂家多，出现问题会有相互推诿现象	整体浴室采取统一采购、终端责任制；售后更方便，整体卫生间保修1年，终身维修
11	移动性	传统浴室一旦装修好便无法移动，搬家或拆迁时浴室只能作废，重复投资	整体浴室可随时拆装，搬家时能像家具一样搬走；组合快且质轻；整体浴室总重量一般不足200 kg，可大大减轻建筑荷载
12	使用寿命	主体材料瓷砖、洁具时间久了就会发黄、变色、失去光泽，甚至出现开裂、发霉等现象，一般5～8年需要重新改造	机械强度可达到普通碳钢水平，坚固耐磨，耐用超过30年，并提供终身服务，使浴室整体光洁如新

整体卫浴的壁板之间全部采用压线连接，外形美观，密封性好，杜绝打胶，防止发霉。壁板采用框架式加强钢固定，稳固性好。

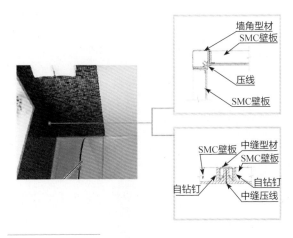

框架式整体卫浴

4 经验总结

　　由于此次是突发疫情下的快速建造，而且基地面积过于紧张，同时项目中的室内外高差太大，坡道问题无法解决。为降低室内外高差，我们采用的是筏板基础直埋下水管道，而没有采用常用的底层架空 800 mm 以搁置集装箱房的方式，这也造成了屋面雨水管无法从架空层通过的问题，因此在原有箱体上加做了轻钢坡屋顶排水，对造型有一定影响，也增加了一些造价费用。

5 视频漫游

江苏智憩物联科技有限公司　刘海宁
芜湖科逸住宅设备有限公司　陈忠义　胡福涛　董　蕾